U0273442

有限空间作业安全知识

（第二版）

姚广明　孙　惠　马卫国　主编

中国劳动社会保障出版社

图书在版编目（CIP）数据

有限空间作业安全知识/姚广明，孙惠，马卫国主编. -- 2 版. --
北京：中国劳动社会保障出版社，2022

（班组安全行丛书）

ISBN 978-7-5167-5531-0

Ⅰ.①有… Ⅱ.①姚…②孙…③马… Ⅲ.①安全生产-基本知识
Ⅳ.①X93

中国版本图书馆 CIP 数据核字（2022）第 129308 号

中国劳动社会保障出版社出版发行

（北京市惠新东街 1 号 邮政编码：100029）

*

三河市华骏印务包装有限公司印刷装订 新华书店经销

880 毫米×1230 毫米 32 开本 5.75 印张 130 千字
2022 年 8 月第 2 版 2022 年 8 月第 1 次印刷
定价：22.00 元

读者服务部电话：（010）64929211/84209101/64921644

营销中心电话：（010）64962347

出版社网址：http://www.class.com.cn

内容简介

很多行业都有有限空间作业。有限空间作业涉及的危险因素多，容易发生伤亡事故。为了确保作业安全，保障自身安全和健康，有限空间作业人员有必要进行系统、专业的学习，以掌握有限空间作业安全技术和规范，从而减少事故的发生。

本书从适用的角度出发，讲述有限空间作业安全基础知识、有限空间作业安全技术、有限空间作业事故应急救援、有限空间作业安全设备及劳动防护用品等内容，有助于从业人员迅速、全面地学习有限空间作业相关知识，提升作业安全。本书可作为企业班组安全生产教育培训的教材，也可供从事安全生产工作的有关人员参考、使用。

前言

　　班组是企业最基本的生产组织，是实际完成各项生产工作的部门，始终处于安全生产的第一线。班组的安全生产，对于维持企业正常生产秩序，提高企业效益，确保职工安全健康和企业可持续发展具有重要意义。据统计，在企业的伤亡事故中，绝大多数属于责任事故，而90%以上的责任事故又发生在班组。可以说，班组平安则企业平安，班组不安则企业难安。由此可见，班组的安全生产教育培训直接关系企业整体的生产状况乃至企业发展的安危。

　　为适应各类企业班组安全生产教育培训的需要，中国劳动社会保障出版社组织编写了"班组安全行丛书"。该丛书自出版以来，受到广大读者朋友的喜爱，成为他们学习安全生产知识、提高安全技能的得力工具。其间，我社对大部分图书进行了改版，但随着近年来法律法规、技术标准、生产技术的变化，不少读者通过各种渠道给予意见反馈，强烈要求对这套丛书再次进行改版。为此，我社对该丛书重新进行了改版。改版后的丛书共包括17种图书，具体如下：

　　《安全生产基础知识（第三版）》《职业卫生知识（第三版）》《应急救护知识（第三版）》《个人防护知识（第三版）》《劳动权益与工伤保险知识（第四版）》《消防安全知识（第四版）》《电气安全知识（第三版）》《危险化学品作业安全知识》《道路交通运输安全知识（第二版）》《金属冶炼安全知识（第二版）》《焊接安全知识

（第三版）》《起重安全知识（第二版）》《高处作业安全知识（第二版）》《有限空间作业安全知识（第二版）》《锅炉压力容器作业安全知识（第二版）》《机加工和钳工安全知识（第二版）》《企业内机动车辆安全知识（第二版）》。

该丛书主要有以下特点：一是具有权威性。丛书作者均为全国各行业长期从事安全生产、劳动保护工作的专家，既熟悉安全管理和技术，又了解企业生产一线的情况，所写内容准确、实用。二是针对性强。丛书在介绍安全生产基础知识的同时，以作业方向为模块进行分类，每分册只讲述与本作业方向相关的知识，因而内容更加具体，更有针对性。班组可根据实际需要选择相关作业方向的分册进行学习。三是通俗易懂。丛书以问答的形式组织内容，而且只讲述最常见、最基本的知识和技术，不涉及深奥的理论知识，因而适合不同学历层次的读者阅读使用。

该丛书按作业内容编写，面向基层，面向大众，注重实用性，紧密联系实际，可作为企业班组安全生产教育培训的教材，也可供从事安全生产工作的有关人员参考、使用。

目录

Ⅲ

V

第一部分　有限空间作业安全基础知识

1. 什么是有限空间？什么是有限空间作业？

有限空间是指封闭或部分封闭，进出口受限但人员可以进入、未被设计为固定工作场所，自然通风不良，易造成有毒有害、易燃易爆物质积聚或氧含量不足的空间。

有限空间作业是指作业人员进入有限空间实施的作业活动。

2. 有限空间有哪些类型？

（1）密闭设备。如船舱、储罐、车载槽罐、反应塔（釜）、压力容器、沉箱及锅炉等。

（2）地下有限空间。如地下管道、地下室、地下仓库、地下工程、暗沟、隧道、涵洞、地坑、废井、地窖、污水池（井）、沼气池、化粪池、下水道、电力电缆井、燃气井、热力井、自来水井、有线电视及通信井等。

（3）地上有限空间。如酒糟池、发酵池、垃圾站、温室、冷库、粮仓、料仓等。

3. 有限空间有哪些特点？

（1）空间有限，与外界相对隔离。有限空间是一个有形的，并有一定大小的空间，仅在有需要的时候才进入其中工作，设置有开口或入口，以便人员通过。有限空间既可以是封闭的，如常见的各种竖井、储罐，也可以是部分封闭的，如隧道、污水池等。

（2）出入口较为狭窄有限，但人员能够进入工作。有限空间限于本身的大小、形状和内部构造，出入口一般与常规的人员出入通道不同，大多较为狭小，如直径 80 cm 的井口和 60 cm 的人孔等。人员进出时佩戴劳动防护用品或携带工具设备会受到较大限制，紧急情况下，无论是有限空间内作业人员自行逃生，还是救援人员实施救援，都会面临极大的困难。但需要注意的是，虽然有限空间出入口受限，但人员还是可以进入工作的。如果只有观察孔，或者开口尺寸根本不足以让人进入，那就不属于有限空间。

（3）未按固定工作场所设计，作业人员不能长时间在内工作。有限空间非常重要的一个特点就是它不是按照固定工作场所设计的。有限空间在设计阶段就未按照相应的标准规范，考虑采光、照明、通风和新风量等要求，因此有限空间建成后并不适合人员在内长时间工作，人员仅仅是在少数必须的情况下才进入有限空间实施作业。

4. 有限空间作业相关法规标准有哪些？

（1）部门规章。2013 年，国家安全生产监督管理总局发布了《工贸企业有限空间作业安全管理与监督暂行规定》（2015 年 5 月 29 日，根据国家安全生产监督管理总局令第 80 号修正）。

（2）国家标准。2006 年，国家质量监督检验检疫总局发布了《缺氧危险作业安全规程》（GB 8958—2006）；2007 年，卫生部发布了《密闭空间作业职业危害防护规范》（GBZ/T 205—2007）；2022 年，国家市场监督管理总局发布了《危险化学品企业特殊作业安全规范》（GB 30871—2022）。

（3）行业标准。2009 年，住房和城乡建设部发布了《城镇排水管道维护安全技术规程》（CJJ 6—2009）；2013 年，国家能源局发布了《电力行业缺氧危险作业监测与防护技术规范》（DL/T 1200—2013）。

（4）地方标准。2011 年，山东省质量技术监督局发布了《工贸企业有限空间作业安全规范》（DB37/T 1993—2011）；2013 年，浙江省质量技术监督局发布了《有限空间作业安全技术规程》（DB33/707—2013）；2014 年，北京市质量技术监督局发布了《供热管线有限空间高温高湿作业安全技术规程》（DB11/1135—2014）；2018 年，北京市市场监督管理局发布了《有限空间中毒和窒息事故勘查作业规范》（DB11/T 1584—2018）；2018 年，浙江省住房和城乡建设厅发布了《城镇供排水有限空间作业安全规程》（DB33/T 1149—2018）；2019 年，北京市市场监督管理局发布了《有限空间作业安全技术规范》（DB11/T 852—2019）；2019 年，河北省市场监督管理局发布了《有限空间作业安全规范》（DB13/T 5023—2019）；2021 年，黑龙江省市场监督管理局发布了《有限空间作业安全技术规范》（DB23/T 1791—2021）；2021 年，宁夏回族自治区市场监督管理厅发布了《有限空间作业安全技术规范》（DB64/T 802—2021）；2021 年，河南省市场监督管理局发布了《有限空间作业安全技术规范》（DB41/T 2107—2021）；以及其他各省市发布的有限空间作业相关地方标准。

5. 常见的有限空间作业有哪些?

（1）清除、清理等作业，如进入污水井进行疏通、进入发酵池进行清理等。

（2）设备设施的安装、更换、维修等作业，如进入地下管沟敷设线缆、进入污水调节池更换设备等。

（3）涂装、防腐、防水、焊接等作业，如在储罐内进行防腐作业、在船舱内进行焊接作业等。

（4）巡查、检修等作业，如进入检查井、热力管沟进行巡检等。

（5）建筑施工作业，如建筑施工过程中涉及的人工挖孔桩、工作井抹灰等。

6. 有限空间作业有哪些特点？

（1）有限空间作业属高风险作业，若操作不当或防护不当易导致人员伤亡。

（2）有限空间作业分布行业广泛，作业地点多样。公共设施管理业，电力、热力、燃气及水的生产和供应业，制造业，建筑业，服务业，物业管理业，住宿和餐饮业等行业都可能涉及有限空间作业，具体的作业地点涵盖地下有限空间、地上有限空间和密闭设备。

（3）某些环境下危害因素具有隐蔽性和突发性。如作业前对有限空间检测时，各项气体指标合格，但在作业过程中突然涌出大量的有毒气体，造成人员中毒。

（4）有限空间作业中，多种危害可能共同存在。如化粪池存在硫化氢中毒危害的同时，还存在甲烷燃爆危害。

（5）有限空间作业风险可控。只要加强安全管理，保障安全投入，规范操作流程，不断提高作业人员安全意识和操作技能，有限空间作业风险是完全可控的。

7. 有限空间作业负责人、作业人员和监护人员各指什么人？

有限空间作业负责人是指由作业单位确定的负责组织和实施有限

空间作业的管理人员。

有限空间作业人员是指进入有限空间内实施作业的人员。

有限空间监护人员是指为保障作业人员安全，在有限空间外对有限空间作业进行专职看护的人员。

8. 有限空间作业安全生产条件指什么？

有限空间作业安全生产条件包括满足有限空间作业安全所需的安全生产责任制、安全生产规章制度、操作规程、安全防护设备设施、应急救援设备设施、人员资质和应急处置能力等条件。

9. 评估检测、监护检测、个体检测各指什么？

评估检测是指作业前，对有限空间气体进行的检测，检测值作为有限空间环境危险性分级、可否进行有限空间作业和采取防护措施的依据。

监护检测是指作业时，监护人员在有限空间外通过泵吸式气体检测报警仪或者设置在有限空间内的远程在线监测设备，对有限空间气体进行的连续监测，检测值作为监护人员实施有效监护的依据。

个体检测是指作业时，作业人员通过随身携带的气体检测报警仪，对作业面气体进行的实时监测，检测值作为作业人员采取防护措施的依据。

10. 什么是富氧环境？什么是缺氧环境？

富氧环境是指空气中氧的体积分数>23.5%的环境。

缺氧环境是指空气中氧的体积分数<19.5%的环境。

11. 什么是危险因素？什么是有害因素？

危险因素是指能对人造成伤亡或对物体造成突发性损害的因素。

有害因素是指能影响人的身体健康，导致疾病，或对物体造成慢性损害的因素。

12. 什么是职业接触限值？

职业接触限值是指劳动者在职业活动过程中长期反复接触某种或多种职业性有害因素，不会引起绝大多数接触者不良健康效应的容许接触水平。化学有害因素的职业接触限值制分为时间加权平均容许浓度（PC-TWA）、短时间接触容许浓度（PC-STEL）和最高容许浓度（MAC）三类。

13. 什么是时间加权平均容许浓度？

时间加权平均容许浓度是指以时间为权数规定的 8 h 工作日、40 h 工作周的平均容许接触浓度。

14. 什么是短时间接触容许浓度？

短时间接触容许浓度是指在实际测得的 8 h 工作日、40 h 工作周平均接触浓度遵守时间加权平均容许浓度的前提下，容许劳动者短时间（15 min）接触的加权平均浓度。

15. 什么是最高容许浓度？

最高容许浓度是指在一个工作日内、任何时间、工作地点的化学有害因素均不应超过的浓度。

16. 什么是有害环境？有害环境包含哪些情形？

有害环境是指在职业活动中可能引起死亡、失去知觉、丧失逃生及自救能力、伤害或引起急性中毒的环境，包括以下一种或几种情形：

（1）可燃性气体、蒸气和气溶胶的浓度超过爆炸下限的 10%。

（2）空气中爆炸性粉尘浓度达到或超过爆炸下限。

（3）空气中氧含量低于 19.5% 或超过 23.5%。

（4）空气中有害物质的浓度超过工作场所有害因素职业接触限值。

17. 什么是立即威胁生命或健康浓度（IDLH）？

立即威胁生命或健康浓度是指有害环境中空气污染物达到某种危险水平时的浓度，如可致命，或可永久损害健康，或可使人立即丧失逃生能力。

18. 什么是爆炸极限？

可燃物质（可燃气体、蒸气、粉尘或纤维）与空气（氧气或氧化剂）均匀混合形成爆炸性混合物，其浓度达到一定的范围时，遇到明火或一定的引爆能量立即发生爆炸，这个浓度范围称为爆炸极限（或爆炸浓度极限）。形成爆炸性混合物的最低浓度称为爆炸浓度下限（LEL），最高浓度称为爆炸浓度上限（UEL），爆炸浓度的上限、下限之间称为爆炸浓度范围。

19. 什么是危害因数？

危害因数是指空气污染物浓度与国家职业卫生标准规定的浓度限

值的比值，取整数。危害因数计算方法见式（1-1）：

$$危害因数 = \frac{空气污染物浓度}{国家职业卫生标准规定浓度} \qquad (1-1)$$

20. 什么是指定防护因数?

指定防护因数是指一种或一类适宜功能的呼吸防护用品，在适合使用者佩戴且正确使用的前提下，预期能将空气污染物浓度降低的倍数。

21. 有限空间作业存在哪些主要风险?

有限空间作业存在的主要风险有缺氧窒息、中毒和燃爆，此外还有淹溺、高处坠落、触电、物体打击、机械伤害、灼烫、坍塌、掩埋等。某些环境下，上述风险可能共存，并具有隐蔽性和突发性。

22. 缺氧窒息的产生原因、对人体的影响分别是什么?

（1）产生原因。有限空间内缺氧，主要有两种情形：一是由于生物的呼吸作用或物质的氧化作用，有限空间内的氧气被消耗导致缺氧。二是有限空间内存在单纯性窒息气体，这类气体本身无毒，但它们的存在会排挤氧空间，使空气中氧含量降低，造成缺氧。常见的单纯性窒息气体包括二氧化碳、甲烷、氮气、氩气、水蒸气和六氟化硫等。

（2）对人体的影响。空气中氧含量一般在 20.9% 左右。氧气是人体进行新陈代谢的关键物质，是人体生命活动的必然需要。如果缺氧，会对人体多个系统及脏器造成影响，人员的生命安全和身体健康就可能受到危害。空气中氧含量不同，对人体的影响也不同，详见表 1-1。

表 1-1   不同氧含量对人体的影响

氧含量（体积分数）	对人体的影响
19.5%	最低容许值
15%~19.5%	体力下降，难以从事重体力劳动，动作协调性降低，容易引发冠心病、肺病等
12%~14%	呼吸加重、频率加快，脉搏加快，动作协调性进一步降低，判断能力下降
10%~12%	呼吸继续加重加快，几乎丧失判断能力，嘴唇发紫
8%~10%	精神失常，昏迷，失去知觉，呕吐，脸色死灰
6%~8%	4~5 min 通过治疗可恢复，6 min 后 50% 致命，8 min 后 100% 致命
4%~6%	40 s 后昏迷，痉挛，呼吸减缓，死亡

23. 有毒物质的种类及其主要来源有哪些？中毒对人体有什么影响？

（1）有毒物质。受有限空间内存在物质和作业内容等因素影响，有限空间内可能存在的主要有毒物质包括硫化氢、一氧化碳、苯系物、氨气、磷化氢、氰化物等。

（2）主要来源。

1）有限空间内存储的有毒化学物质的残留或挥发。

2）有限空间内的物质发生化学反应，产生有毒物质，如有机物分解产生硫化氢。

3）某些相连或接近的设备或管道中的有毒物质渗漏或扩散。

4）作业过程中引入有毒物质，如涂装作业带入的涂料会散发出苯系物等有毒气体。

5）作业过程中产生有毒物质，如焊接作业产生一氧化碳有毒气体。

（3）对人体的影响。有毒物质对人体的伤害主要体现在刺激性、化学窒息性及致敏性方面，其主要通过呼吸吸入、皮肤接触进入人体，再经血液循环，对人体的呼吸、神经、血液等系统及肝脏、肺、肾脏等脏器造成严重损伤。短时间接触高浓度刺激性有毒物质会引起眼、上呼吸道刺激，中毒性肺炎或肺水肿以及心脏、肾脏等脏器病变。接触化学性、窒息性有毒物质会造成细胞缺氧窒息。

24. 易燃易爆物质的种类及其主要来源有哪些？燃爆对人体有什么影响？

（1）易燃易爆物质。易燃易爆物质是指可能引起燃烧、爆炸的气体、蒸气或粉尘。有限空间内可能存在大量易燃易爆气体、蒸气，如甲烷、天然气、氢气、挥发性有机化合物等。另外，有限空间内还可能存在煤粉、木粉、粮食粉末、金属粉、树脂粉等可燃性粉尘。

（2）主要来源。

1）有限空间中气体或液体的泄漏和挥发。

2）有机物分解，如生活垃圾、动植物腐败物分解等产生甲烷。

3）作业过程中引入易燃易爆气体、蒸气，如使用乙炔气焊接，喷漆作业使用的油漆散发出易燃易爆气体等。

4）有限空间内的易燃粉尘飞扬，与空气混合形成燃爆混合物。

（3）对人体的影响。燃爆会对作业人员产生非常严重的影响。燃烧产生的高温可引起皮肤和呼吸道烧伤；燃烧产生的有毒物质可导致中毒，引起脏器或生理系统的损伤；爆炸产生的冲击波可引起冲击伤，产生的物体碎片或砂石可导致打击伤等。

25. 引发易燃易爆气体或可燃性粉尘爆炸的条件是什么?

（1）有限空间内氧含量充足。

（2）易燃易爆气体、蒸气或粉尘浓度在爆炸极限范围内。

（3）存在足够能量的点火源，如明火、化学反应放热、热辐射、高温表面、撞击或摩擦产生火花、电气火花、静电放电火花等。

26. 什么是高处坠落事故? 导致高处坠落的原因有哪些?

高处坠落事故是指在高处作业中发生坠落造成的伤亡事故，不包括触电坠落事故。高处作业指在坠落高度基准面 2 m 以上（含 2 m）有可能坠落的高处进行的作业。许多有限空间都存在高处作业，一旦操作不慎，容易发生高处坠落事故。

导致高处坠落的原因包括：

（1）作业人员身体素质不适应，如存在某些疾病、心理因素影响等，也可能因工作时间长，身体疲劳，或麻痹大意，疏于防护，作业中发生失足等。

（2）安全防护用具不合格或荷载超重。

（3）作业人员进行高处作业时未佩戴劳动防护用品，如没有系安全带。

（4）作业面狭窄，作业人员活动受限，四周悬空，手脚易扑空。

高处坠落可能导致脑部或内脏损伤而致命，或使四肢、躯干、腰椎等部位受冲击而造成重伤致残。

27. 什么是淹溺事故? 淹溺对人体有什么危害?

淹溺事故是指人落水之后，因呼吸阻塞导致急性缺氧窒息而造成的伤亡事故。作业过程中突然涌入大量自由流动的液体，以及作业人员发生中毒、窒息、受伤或不慎跌落后落入水中，都可能造成人员淹溺。

发生淹溺后人体常见的表现有面部和全身青紫、烦躁不安、抽筋、呼吸困难、吐带血的泡沫痰、昏迷、意识丧失、呼吸和心搏停止。由于肺内污染及胃内呕吐物返流等原因，可导致支气管及肺部继发感染，甚至多发性脓肿。不慎跌入粪坑、污水池、化学物储槽时，会引起皮肤和黏膜损害及全身中毒，导致人员缺氧窒息。

28. 什么是触电事故？触电对人体有什么危害？

触电事故是指电流流经人体或带电体与人体间发生放电而造成的人身伤害事故。有限空间作业过程中如果使用电钻、电焊等设备，可能存在触电的危险。

当通过人体的电流超过一定值时，就会使人产生针刺、灼热、麻痹的感觉；当电流进一步增大至一定值时，人就会产生抽筋，不能自主脱离带电体；当通过人体的电流超过 50 mA 时，人的呼吸和心搏会停止，导致死亡。

29. 机械伤害对人体有什么危害？

有限空间作业过程中可能涉及机械转动，如未实施有效的关停，人员作业期间可能发生机械的意外启动对人员造成伤害或其他机械伤害。

机械伤害可能引发人体多部位受伤，如头部、眼部、颈部、胸部、腰部、脊柱、四肢等，造成外伤性骨折、出血、休克、昏迷，严重的会直接导致死亡。

30. 什么是坍塌事故?

坍塌事故是指物体在外力或重力作用下，超过自身的强度极限或因结构稳定性破坏而造成的事故。如挖沟时土石塌方等对人体造成伤害。

31. 什么是物体打击事故?

物体打击事故是指物体在重力或其他外力作用下产生运动，打击人体造成人身伤亡的事故。如有限空间外的物体掉入有限空间内，对正在作业的人员造成伤害。

32. 什么是灼烫事故?

灼烫事故是指火焰烧伤、高温物体烫伤、化学灼伤（酸、碱、盐、有机物引起的体内外灼伤）、物理灼伤（光、放射性物质引起的体内外灼伤），不包括电灼伤和火灾引起的烧伤事故。如暖气维修过程中，管道发生泄漏，热水喷出烫伤维修人员。

33. 什么是吞没事故? 吞没对人体有什么危害?

吞没事故是指人员淹没于固态流体而导致呼吸系统阻塞窒息死亡，或因窒息、压迫或被碾压而引起的伤亡事故。当人员进入粮仓、料仓等有限空间后，可能因为其自身体重或所携带工具重量导致物料流动而淹埋人员，或者人员进入时未有效隔离，导致物料的意外注入将其中人员埋没，造成窒息。

34. 什么是高温高湿环境? 高温高湿环境对人体有什么危害?

高温高湿环境是指空气温度过高、湿度过大，超过人体舒适程度的环境。若长时间在高温高湿环境中作业，人体机能会严重下降。高温高湿环境可使作业人员感到燥热、头晕、心慌、口渴、无力、疲倦等不适感，甚至导致人员发生热衰竭、失去知觉或死亡。如夏季有限空间通风不良，内部环境高温高湿，长时间在内部进行维修作业的人员容易受到伤害。

35. 有限空间作业过程中存在的危险、有害因素有哪些?

按照《生产过程危险和有害因素分类与代码》（GB/T 13861—2022），将有限空间作业过程中存在的危险、有害因素分为四大类：人的因素、物的因素、环境因素、管理因素。

（1）人的因素。

1）作业人员的因素。作业人员不了解在进入有限空间作业期间可能面临的危害；不了解未隔离的危害；未查证已隔离的程序；不了解危害出现的形式、征兆和后果；不了解防护装备和救援装备的使用和限制要求，如测试、监督、通风、通信、照明等；不清楚监护人员用来提醒撤离时的沟通方法；不清楚当发现危险征兆或现象时，提醒监护人员的方法；不清楚何时撤离有限空间，以致事故发生。

2）监护人员的因素。监护人员不了解作业人员进入有限空间作业期间可能面临的危害；不了解作业人员受到危害影响时的行为表现；不清楚召唤救援和急救部门帮助作业人员撤离的方法，以致不能起到监督空间内外活动和保护作业人员安全的作用。

（2）物的因素。

1）有毒气体。有限空间内可能存在有毒气体，既可能是有限空间内已经存在的，也可能是在工作过程中产生的。积聚于有限空间的常见有毒气体有硫化氢、一氧化碳等，对作业人员构成中毒威胁。

2）氧气不足。有限空间内的氧气不足是经常遇到的情况。氧气不足的原因有很多，如被密度大的气体（如二氧化碳）挤占、燃烧、氧化（如生锈）、微生物行为、吸收和吸附（如潮湿的活性炭）、工作行为（如使用溶剂、涂料、清洁剂或者加热工作）等都可能影响氧气含量。当作业人员进入后，会由于缺氧而窒息。

3）可燃气体。有限空间常见的可燃气体包括甲烷、天然气、氢气、挥发性有机化合物等。这些可燃气体来自地下管道（电缆管道和城市燃气管道）的泄漏、容器内部的残存、细菌分解、工作产物（在有限空间内进行涂漆、喷漆、使用易燃易爆溶剂）等，如遇引火源，就可能导致火灾甚至爆炸。有限空间中的引火源包括产生热量的工作活动，焊接、切割等作业，打火工具，光源，电动工具、仪器，甚至静电等。

（3）环境因素。过冷、过热、潮湿的有限空间有可能对作业人员造成危害，在有限空间工作的时间过长，会由于受冻、受热、受潮致使体力不支。在具有湿滑表面的有限空间作业，有导致作业人员摔伤、磕碰等危险。在进行人工挖孔桩作业的现场，有坍塌、坠落造成埋压、摔伤的危险。在清洗大型水池、储水箱、输水管（渠）的作业现场，有导致作业人员淹溺的危险。在作业现场若电气防护装置失效或错误操作、电气线路短路、超负荷运行、雷击等都有可能导致电流对人体的伤害，从而造成伤亡事故的危险。

（4）管理因素。安全管理制度的缺失、有关施工（管理）部门没有编制专项施工（作业）方案、没有应急救援预案或未制定相应的安全措施、缺乏岗前培训及进入有限空间作业人员的防护装备与设施得不到维护和维修，是造成事故发生的重要原因。另外，因未制定有限空间作业的操作规程，作业人员无章可循而盲目作业，作业人员在未明了作业条件情况下贸然进入有限空间作业场所、误操作生产设备，作业人员未配备必要的安全防护与救护装备等，都有可能导致事故的发生。

36. 有限空间作业常见的单纯性窒息气体有哪些？

有限空间作业常见的单纯性窒息气体有二氧化碳、氮气、甲烷、氩气、水蒸气和六氟化硫等。

37. 二氧化碳的理化性质、主要来源和对人体的影响分别是什么？

（1）理化性质。二氧化碳别名碳（酸）酐，常温常压下为无色无味气体，高浓度时略带酸味。比空气重。可溶于水、烃类等多数有机溶剂。水溶剂呈酸性，能被碱性溶液吸收而生成碳酸盐。二氧化碳通常被加压成液态储存在钢瓶内，放出时二氧化碳可凝结成雪花状固体，俗称干冰。

（2）主要来源。

1）长期不开放的各种矿井、油井、船舱底部、下水道等，其内部可能存在二氧化碳。

2）利用植物发酵制糖、酿酒，用玉米制酒精、丙酮、酵母等生产过程，发酵桶、池等生产设施中可能存在高浓度的二氧化碳。

3）储存蔬菜、水果和谷物等不通风的地窖或密闭仓库，可能存在高浓度的二氧化碳。

4）作业人数多、连续作业时间长的有限空间内，可能存在二氧化碳积聚。

5）化工企业以二氧化碳作为原料制造碳酸钠、碳酸氢钠、尿素、碳酸氢铵等的反应釜内，可能存在二氧化碳。

（3）对人体的影响。二氧化碳是人体进行新陈代谢的最终产物，由呼气排出，本身没有毒性。空气中含有少量的二氧化碳对人体无害，但其超过一定量时会影响人的呼吸。若人体吸入高浓度的二氧化碳，在几秒钟内会迅速昏迷倒下，出现反射消失、瞳孔扩大或缩小、大小便失禁、呕吐等症状，更严重者出现呼吸、心搏停止及休克，甚至死亡。

我国职业卫生标准《工作场所有害因素职业接触限值　第 1 部分：化学有害因素》（GBZ 2.1—2019）规定二氧化碳在工作场所空气中的时间加权平均容许浓度是 9 000 mg/m³，短时间接触容许浓度是 18 000 mg/m³；《呼吸防护用品的选择、使用与维护》（GB/T 18664—2002）中规定二氧化碳的立即威胁生命或健康浓度是 92 000 mg/m³。

38. 氮气的理化性质、主要来源和对人体的影响分别是什么?

（1）理化性质。氮气常温常压下为无色无味气体，微溶于水、乙醇，溶于液氨，不燃。氮气约占大气总量的 78%，是空气的主要成分。氮气的化学性质不活泼，常温下很难跟其他物质发生反应，但在高温、高能量条件下可与某些物质发生化学变化，用来制取对人类有用的新物质。

（2）主要来源。

1）常用作保护气以防止某些物体暴露于空气时被氧气氧化。

2）用作工业上的清洗剂，洗涤储罐、反应釜中的危险有毒气体。

3）在化工企业中，作为合成氨或制硝酸的生产原料。

4）液氮用作冷冻剂时有氮气产生。

（3）对人体的影响。吸入氮气浓度不太高时，人最初感觉胸闷、气短、疲软无力；继而有烦躁不安、极度兴奋、乱跑、叫喊、神情恍惚、步态不稳等症状，称为"氮酩酊"，可进入昏睡或昏迷状态。空气中氮气浓度过高，使氧含量下降，可引起人员单纯性缺氧窒息。吸入高浓度的氮气，人可迅速昏迷、因呼吸和心搏停止而死亡。

39. 甲烷的理化性质、主要来源和对人体的影响分别是什么？

（1）理化性质。甲烷常温常压下为无色无味的气体，比空气轻。溶于乙醇、乙醚、苯、甲苯等，微溶于水。甲烷易燃，与空气混合能形成爆炸性混合物，遇热源和明火有燃烧爆炸的危险，爆炸极限为5.0%~15.0%。甲烷在自然界分布很广，是天然气、沼气、坑气及煤气的主要成分之一。

（2）主要来源。

1）有限空间内有机物分解产生甲烷。

2）天然气管道泄漏。

（3）对人体的影响。甲烷对人基本无毒，麻痹作用极弱。但极高浓度时会排挤空气中的氧气，使空气中氧含量降低，引起单纯性窒息。当空气中甲烷达25%~30%，可引起头痛、头晕、乏力、注意力不集中、呼吸和心搏加速等，若不及时脱离接触，可致窒息死亡。

40. 氩气的理化性质、主要来源和对人体的影响分别是什么？

（1）理化性质。氩气常温常压下是一种无色无味的惰性气体，比空气重。微溶于水。

（2）主要来源。氩气是目前工业上应用很广的稀有气体。它的性质十分不活泼，既不能燃烧，也不能助燃。在飞机制造、船舶制造、原子能工业和机械工业领域，焊接特殊金属如铝、镁、铜、合金以及不锈钢时，往往用氩气作为焊接保护气，防止焊接件被空气氧化或氮化。

（3）对人体的影响。氩气常压下无毒。当空气中氩浓度增高时，可使氧含量降低，人会出现呼吸加快、注意力不集中等症状，继而出现疲倦无力、烦躁不安、恶心、呕吐、昏迷、抽搐等症状，在高浓度时可导致窒息死亡。液态氩可致皮肤冻伤；眼部接触可引起炎症。

41. 六氟化硫的理化性质、主要来源和对人体的影响分别是什么？

（1）理化性质。常温下，六氟化硫是一种无色无味的化学惰性气体，比空气重。不燃，无特殊燃爆特性。微溶于水，溶于乙醇、乙醚。

（2）主要来源。

1）六氟化硫具有良好的电气强度，目前作为绝缘和灭弧被广泛应用于电力设备，如六氟化硫断路器、六氟化硫负荷开关设备、六氟化硫封闭式组合电器、六氟化硫绝缘输电管线、六氟化硫变压器及六氟化硫绝缘变电站等。

2）在冷冻工业中主要作为致冷剂，致冷范围为-45~0 ℃。

（3）对人体的影响。常温下纯品的六氟化硫无毒性，是一种典型的单纯性窒息气体。当人体吸入高浓度的六氟化硫时可引起缺氧，有神志不清和死亡的危险。《工作场所有害因素职业接触限值 第1部分：化学有害因素》（GBZ 2.1—2019）规定六氟化硫在工作场所空气中的时间加权平均容许浓度是 6 000 mg/m^3。

42. 有限空间作业常见的有毒物质有哪些?

有限空间作业常见的有毒物质有硫化氢、一氧化碳、苯系物、氨气、磷化氢、氰化物等。

43. 硫化氢的理化性质、主要来源和对人体的影响分别是什么?

（1）理化性质。硫化氢为无色，有恶臭味的有毒气体；比空气重，沿地面扩散并易积聚在低洼处；溶于水、乙醇、二硫化碳、甘油、汽油、煤油等；易燃，与空气混合能形成爆炸性混合物，遇明火、高热能引起燃烧爆炸，爆炸极限的浓度范围为 4.0%~46.0%；与浓硝酸、发烟硝酸或其他强氧化剂会发生剧烈反应，引起爆炸。

（2）主要来源。

1）污水管道、化粪池、窖井、纸浆发酵池、污泥处理池、密闭垃圾站、反应釜/塔等有限空间中有机物分解产生硫化氢。

2）制造二硫化碳、硫化胺、硫化钠、硫磷、乐果、含硫农药等产品的反应釜中残留有硫化氢。

（3）对人体的影响。人体对硫化氢的嗅觉感知有很大的个体差异，不同浓度的硫化氢对人体的危害也不同，见表 1-2。

表 1-2　　　　　　　　　　硫化氢对人体的影响

硫化氢浓度/mg·m^{-3}	对人体的影响
0.000 7~0.2	人体对硫化氢嗅觉感知的浓度在此范围内波动，远低于引起危害的浓度，因而低浓度的硫化氢能被敏感地发觉
30~40	硫化氢臭味减弱
75~300	因嗅觉疲劳或嗅神经麻痹而不能察觉硫化氢的存在，接触数小时出现眼和呼吸道刺激症状
375~750	接触0.5~1 h可发生肺水肿，甚至意识丧失、呼吸衰竭
高于1 000	数秒即发生猝死

硫化氢主要经呼吸道进入人体，遇黏膜表面上的水分很快溶解，产生刺激作用和腐蚀作用，引起眼结膜、角膜和呼吸道黏膜的炎症，肺水肿。硫化氢引发人体急性中毒的症状表现为：

1）轻度中毒：中毒者表现为明显的头痛、头晕、乏力等症状，并出现轻度至中度意识障碍。

2）中度中毒：中毒者表现为浅至中度昏迷的意识障碍，急性支气管肺炎。

3）重度中毒：中毒者表现为深度昏迷或呈植物状态的意识障碍，肺水肿，多脏器衰竭，猝死。在接触极高浓度（1 000 mg/m³ 以上）的硫化氢时，可发生"闪电型"死亡，接触者在数秒内突然倒下，呼吸和心搏骤停。严重中毒可留有神经、精神后遗症。

《工作场所有害因素职业接触限值　第 1 部分：化学有害因素》（GBZ 2.1—2019）规定硫化氢的最高容许浓度是 10 mg/m³；《呼吸防护用品的选择、使用与维护》（GB/T 18664—2002）规定硫化氢立即威胁生命或健康浓度为 430 mg/m³。

44. 一氧化碳的理化性质、主要来源和对人体的影响分别是什么？

（1）理化性质。一氧化碳为无色无味气体。相对密度与空气相当。微溶于水，可溶于乙醇、苯、氯仿等多数有机溶剂。与空气混合能形成爆炸性混合物，遇高热、明火能引起燃烧爆炸，爆炸极限的浓度范围为 12.5%~74.2%。

（2）主要来源。

1）有限空间中含碳燃料不完全燃烧会产生一氧化碳，如有限空间内使用汽、柴油发电机发电时会产生一氧化碳。

2）反应釜中生产合成氨、丙酮、光气、甲醇等化学品时，产生的副产物中存在一氧化碳。

3）使用一氧化碳作为燃料。

（3）对人体的影响。一氧化碳经呼吸道进入人体后，通过肺泡进入血液，并与血液中的血红蛋白结合，形成稳定的碳氧血红蛋白，由于一氧化碳与血红蛋白的亲和力比氧与血红蛋白的亲和力大 200～300 倍，而碳氧血红蛋白的解离速度比氧和血红蛋白解离速度慢 3 600 倍，一旦碳氧血红蛋白的浓度升高，将导致血红蛋白运载氧气的功能障碍，进而造成人体组织缺氧，发生中毒。

一氧化碳主要损害神经系统，其引发人体急性中毒的症状表现为：

1）轻度中毒：中毒者会出现剧烈头痛、头晕、耳鸣、心悸、恶心、呕吐、无力，轻度至中度意识障碍但无昏迷，血液碳氧血红蛋白浓度可高于 10%。

2）中度中毒：中毒者除上述症状外，意识障碍表现为浅至中度昏迷，但经抢救后可恢复且无明显并发症，血液碳氧血红蛋白浓度可高于 30%。

3）重度中毒：中毒者可出现深度昏迷或醒状昏迷、休克、脑水肿、肺水肿、严重心肌损害、呼吸衰竭等，血液碳氧血红蛋白浓度可高于 50%。

《工作场所有害因素职业接触限值 第 1 部分：化学有害因素》（GBZ 2.1—2019）规定一氧化碳在工作场所空气中的时间加权平均容许浓度是 20 mg/m³，短时间接触容许浓度是 30 mg/m³；《呼吸防护用品的选择、使用与维护》（GB/T 18664—2002）规定一氧化碳立即威胁生命或健康浓度为 1 700 mg/m³。

45. 苯的理化性质、主要来源和对人体的影响分别是什么？

（1）理化性质。苯在常温下为一种无色、有甜味的透明液体，并具有强烈的芳香气味；不溶于水，溶于乙醇、乙醚、丙酮等多数有机溶剂；易燃，易挥发，其蒸气与空气混合能形成爆炸性混合物，遇明火、高热极易燃烧爆炸，爆炸极限的浓度范围为 1.2% ~ 8.0%；其蒸气比空气密度大，沿地面扩散并易积存于低洼处，遇火源会着火回燃。

（2）主要来源。

1）作为溶剂和稀释剂，在反应釜中制作油、脂、橡胶、树脂、油漆、黏合剂和氯丁橡胶等。

2）作为化工原料，制造苯乙烯、苯酚、顺丁烯二酸酐和许多清洁剂、炸药、化肥、农药等各种化工产品。

3）在有限空间内进行涂装作业、反应釜/塔清洗作业、维修作业时会接触到苯。

（3）对人体的影响。苯可引起各种类型的白血病，为人类致癌物。苯引发人体中毒的症状表现为：

1）急性中毒：轻者出现兴奋、欣快感、步态不稳，以及头晕、头痛、恶心、呕吐、轻度意识模糊等。重者神志模糊加重，由浅昏迷进入深昏迷，甚至呼吸、心搏停止。

2）慢性中毒：多数表现为头痛、头昏、失眠、记忆力衰退，皮肤易出现划痕。慢性苯中毒主要损害造血系统，人体易感染、易发热、易出血。

《工作场所有害因素职业接触限值　第1部分：化学有害因素》（GBZ 2.1—2019）规定苯在工作场所空气中的时间加权平均容许浓

度是 6 mg/m³, 短时间接触容许浓度是 10 mg/m³;《呼吸防护用品的选择、使用与维护》(GB/T 18664—2002) 规定苯立即威胁生命或健康浓度为 9 800 mg/m³。

46. 甲苯、二甲苯的理化性质、主要来源和对人体的影响分别是什么?

（1）理化性质。甲苯、二甲苯都是无色透明、有芬芳气味、略带甜味、易挥发的液体，都不溶于水，溶于苯、乙醇、乙醚、氯仿等有机溶剂。甲苯、二甲苯均易燃，其蒸气与空气混合，能形成爆炸性混合物。甲苯闪点为 4 ℃，爆炸极限的浓度范围为 1.1%~7.1%；1，2-二甲苯闪点为 16 ℃，爆炸极限的浓度范围为 0.9%~7.0%；1，3-二甲苯闪点为 25 ℃，爆炸极限的浓度范围为 1.1%~7.0%。

（2）主要来源。

1）在反应釜中作为生产甲苯衍生物、炸药、染料中间体、药物等的主要原料。

2）在有限空间进行涂装作业或反应釜/塔清洗作业时，作为油漆、黏合剂的稀释剂。

（3）对人体的影响。甲苯、二甲苯主要经呼吸道吸收，有麻醉作用和轻度刺激作用，表现为头晕、头痛、恶心、呕吐、胸闷、四肢无力、步态不稳和意识模糊，严重者出现烦躁、抽搐、昏迷。

《工作场所有害因素职业接触限值　第 1 部分：化学有害因素》(GBZ 2.1—2019) 规定甲苯、二甲苯在工作场所空气中的时间加权平均容许浓度是 50 mg/m³，短时间接触容许浓度是 100 mg/m³;《呼吸防护用品的选择、使用与维护》(GB/T 18664—2002) 规定甲苯、二甲苯立即威胁生命或健康浓度分别为 7 700 mg/m³ 和 4 400 mg/m³。

47. 氨气的理化性质、主要来源和对人体的影响分别是什么?

（1）理化性质。氨气在常温下是一种无色、较空气轻且有刺激性恶臭的易燃气体。爆炸极限的浓度范围为 15% ~ 28%。氨气易溶于水，生成氨水，是一种弱碱性液体。可溶于乙醇、乙醚。

（2）主要来源。

1）在反应釜中作为氨化反应的主要原料，用来制取铵盐和氮肥。

2）经液化后的氨气，常作为制冷剂，发生泄漏后会在有限空间内积聚。

3）氨水挥发会产生氨气。

（3）对人体的影响。低浓度氨对黏膜有刺激作用，高浓度氨可造成组织溶解坏死。发生氨气急性中毒时，轻度中毒者会出现流泪、咽痛、声音嘶哑、咳嗽、咳痰等，眼结膜、鼻黏膜、咽部充血、水肿，引发支气管炎。中度中毒者除上述症状加剧外，还会出现呼吸困难、嘴唇发紫，引起肺炎。重度中毒者可发生中毒性肺水肿，呼吸窘迫、昏迷、休克等。

《工作场所有害因素职业接触限值　第 1 部分：化学有害因素》（GBZ 2.1—2019）规定氨在工作场所空气中的时间加权平均容许浓度是 20 mg/m³，短时间接触容许浓度是 30 mg/m³；《呼吸防护用品的选择、使用与维护》（GB/T 18664—2002）规定氨立即威胁生命或健康浓度为 360 mg/m³。

48. 磷化氢的理化性质、主要来源和对人体的影响分别是什么?

（1）理化性质。磷化氢是一种无色，有类似大蒜气味的气体。

不溶于热水，微溶于冷水，溶于乙醇、乙醚。极易燃，具有强还原性。遇热源和明火有燃烧爆炸的危险。暴露在空气中能自燃，与氧接触会爆炸，与卤素接触激烈反应，与氧化剂能发生强烈反应。

（2）主要来源。

1）在黄磷生产、镁粉制造等工业过程中会产生磷化氢。

2）作为熏蒸剂用于粮食存储以及饲料和烟草的储藏。

3）在微生物活动等作用下，水稻田、污水系统、垃圾填埋场等会产生磷化氢。

（3）对人体的影响。磷化氢主要损害神经系统、呼吸系统、心脏、肾脏及肝脏。$10 \ mg/m^3$ 浓度接触 6 h，人体有中毒症状；$409 \sim 846 \ mg/m^3$ 浓度接触 0.5~1 h 可致人死亡。磷化氢引发人体急性中毒的症状表现为：

1）轻度中毒：头痛、乏力、恶心、失眠、口渴、鼻咽发干、胸闷、咳嗽和低热等。

2）中度中毒：轻度意识障碍、呼吸困难、心肌损伤。

3）重度中毒：昏迷、抽搐、肺水肿及明显的心肌、肝脏及肾脏损伤。

《工作场所有害因素职业接触限值　第 1 部分：化学有害因素》（GBZ 2.1—2019）规定磷化氢最高容许浓度是 $0.3 \ mg/m^3$；《呼吸防护用品的选择、使用与维护》（GB/T 18664—2002）规定磷化氢立即威胁生命或健康浓度是 $280 \ mg/m^3$。

49. 氰化物的理化性质、主要来源和对人体的影响分别是什么？

（1）理化性质。

氰化物特指带有氰基（CN）的化合物。氰化物可分为无机氰化物和有机氰化物。无机氰化物如氢氰酸、氰化钾（钠）、氯化氰等；有机氰化物如乙腈、丙烯腈、正丁腈等，均属高毒类。氰化氢（HCN）是一种无色气体，带有淡淡的苦杏仁味。氰化钾和氰化钠都是无色晶体，在潮湿的空气中，水解产生氢氰酸而具有苦杏仁味。

（2）主要来源。

1）氰化物被大量用于黄金开采中。

2）从事电镀、洗注、油漆、染料、橡胶等行业会接触到氰化物。

（3）对人体的影响。

氰化物大剂量中毒常发生闪电式昏迷和死亡，摄入后几秒钟人体即发绀、全身痉挛，立即呼吸停止。小剂量中毒可出现 15~40 min 的中毒过程，表现为口腔及咽喉麻木感、流涎、头痛、恶心、胸闷、呼吸加快加深、脉搏加快、心律不齐、瞳孔缩小、皮肤黏膜呈鲜红色、抽搐、昏迷，最后意识丧失而死亡。

27

50. 进入有限空间作业前，危险有害因素辨识流程是什么？

进入有限空间作业前，危险有害因素辨识流程如图 1-1 所示。

51. 进入有限空间作业前，进行缺氧窒息危害辨识需要了解哪些情况？

（1）内部存在的危害辨识。

1）有限空间是否长期关闭，通风不良。

2）有限空间内存在的物质是否会发生耗氧性化学反应，如燃烧、生物的有氧呼吸等。

（2）作业时产生的危害辨识。

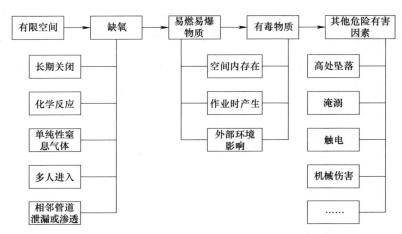

图 1-1　有限空间危险有害因素辨识流程

28

1）在作业过程中是否引入单纯性窒息气体挤占氧气空间，如使用氮气、氩气、水蒸气等进行清洗。

2）有限空间内氧气消耗速度是否过快，如过多人员同时在有限空间内作业。

（3）外部环境影响。与有限空间相连或接近的管道是否会因为渗漏或扩散，导致其他气体进入有限空间挤占氧气空间。

52. 进入有限空间作业前，进行燃爆危害辨识需要了解哪些情况？

（1）内部存在的危害辨识。

1）有限空间内部存储或输运的物质是否易燃易爆、是否会挥发易燃易爆气体、是否会分解产生易燃易爆气体。

2）有限空间内部的管道系统是否会发生泄漏释放出易燃易爆气体、蒸气或粉尘积聚于空间内部。

（2）作业时产生的危害辨识。

1）有限空间作业过程中使用的物料是否会挥发出易燃易爆气体。

2）在存在易燃易爆物质的有限空间作业时是否会产生潜在的点火源，如动火作业、作业活动产生静电等。

3）在存在易燃易爆物质的有限空间作业时是否使用带电设备、工具等，这些设备的防爆性能如何。

（3）外部环境影响。

1）有限空间邻近的厂房、工艺管道是否可能由于泄漏而使易燃易爆物质进入有限空间。

2）有限空间邻近作业产生的火花是否可能飞溅到存在易燃易爆物质的有限空间。

53. 进入有限空间作业前，进行中毒危害辨识需要了解哪些情况？

（1）内部存在的危害辨识。

1）有限空间内部存储的物料是否挥发有毒有害气体，或是否由于生物作用或化学反应而产生有毒有害气体并积聚于空间内部。例如，长期储存的有机物分解过程中会释放出硫化氢等有毒气体，这些气体长期积聚于通风不良的有限空间内部，可能导致进入该空间的作业人员中毒。

2）有限空间内部曾经存储或使用过的物料释放的有毒有害气体，是否可能残留于有限空间内部。

3）有限空间内部的管道系统发生泄漏时，有毒有害气体是否可能进入有限空间。

（2）作业时产生的危害辨识。

1）在有限空间作业过程中使用的物料是否是有毒有害气体，或者是否会挥发出有毒有害气体，或者挥发出的气体是否会与空间内本身存在的气体发生反应生成有毒有害气体。

2）有限空间内是否进行焊接、喷漆等可能产生有毒有害气体的作业。

（3）外部环境影响。有限空间邻近的厂房、工艺管道是否可能由于泄漏而使有毒有害气体进入有限空间。

54. 进入有限空间作业前，进行其他危险有害因素辨识需要了解哪些情况？

高处坠落、淹溺、触电、机械伤害、吞没等也是威胁有限空间作业人员生命安全与身体健康的危险有害因素。在辨识这些危害时，可以从以下几方面考虑。

（1）有限空间内是否进行高于作业基准面 2 m 的作业。

（2）有限空间内是否有较深的积水。

（3）有限空间内的电动器械、电路是否老化破损、发生漏电等。

（4）有限空间内的机械设备是否可能意外启动，导致其传动或转动部件直接与人体接触造成作业人员伤害等。

（5）有限空间内是否存在谷物、泥沙等可流动固体。

55. 典型有限空间存在的危险有害因素主要有哪些？

根据有限空间特点，典型有限空间存在的主要危险有害因素见表 1-3。

表 1-3　　　　　　典型有限空间存在的主要危险有害因素

有限空间种类	有限空间名称	主要危险有害因素
地下有限空间	地下室、地下仓库、隧道、地窖	缺氧
	地下工程、地下管道、暗沟、涵洞、地坑、废井、污水池（井）、沼气池、化粪池、下水道	缺氧、硫化氢中毒、可燃性气体爆炸
地上有限空间	储藏室、温室、冷库	缺氧
	酒糟池、发酵池	缺氧、硫化氢中毒、可燃性气体爆炸
	垃圾站	缺氧、硫化氢中毒、可燃性气体爆炸
	粮仓	缺氧、磷化氢中毒、可燃性气体爆炸
	料仓	缺氧、粉尘爆炸
密闭设备	船舱、储罐、车载槽罐、反应塔（釜）、压力容器	缺氧、一氧化碳中毒、挥发性有机溶剂中毒、爆炸
	冷藏箱、管道	缺氧
	烟道、锅炉	缺氧、一氧化碳中毒

31

56. 有限空间作业为什么要进行风险评估?

　　有限空间作业是一种带有较大危险性的作业，因此在作业过程中要强化管理，严格控制作业操作程序。风险评估是确保有限空间作业安全的一项重要程序。通过收集有限空间及拟开展作业的相关信息，分析危险产生的可能性及后果的严重性，进而制定具有针对性的风险防范和控制措施。

57. 进入有限空间作业前，危险有害因素风险评估标准是什么？

（1）正常情况下的氧含量为 19.5%~23.5%。低于 19.5%为缺氧环境，存在窒息风险；高于 23.5%为富氧环境，存在氧中毒风险。

（2）有限空间空气中的可燃性气体浓度应不超过爆炸下限的 10%，有限空间内进行动火作业时，空气中可燃性气体浓度应不超过爆炸下限的 1%，否则存在爆炸危险。

（3）有毒气体或粉尘浓度应不超过《工作场所有害因素职业接触限值　第 1 部分：化学有害因素》（GBZ 2.1—2019）所规定的限值要求。

（4）其他危险有害因素执行相关标准。

58. 有限空间作业分级的依据是什么？

应对有限空间进行全面评估，根据有限空间内部已积聚或可能积聚的危险有害、易燃易爆物质的种类和含量，入内作业的频繁程度以及可能导致事故的严重程度等因素，将有限空间作业分为不同级别。

59. 有限空间作业环境分为哪几级？

在北京市地方标准《有限空间作业安全技术规范》（DB11/T 852—2019）中，根据危险有害程度由高至低，将有限空间作业环境分为 1 级、2 级、3 级，分级标准如下：

（1）符合下列条件之一的环境为 1 级。

1）氧含量小于 19.5%或大于 23.5%。

2）可燃性气体、蒸气浓度大于爆炸下限的 10%。

3）有毒有害气体、蒸气浓度大于《工作场所有害因素职业接触

限值　第 1 部分：化学有害因素》（GBZ 2.1—2019）规定的限值。

（2）氧含量为 19.5%～23.5%，且符合下列条件之一的环境为 2 级。

1）可燃性气体、蒸气浓度大于爆炸下限的 5% 且不大于爆炸下限的 10%。

2）有毒有害气体、蒸气浓度大于《工作场所有害因素职业接触限值　第 1 部分：化学有害因素》（GBZ 2.1—2019）规定的限值的 30% 且不大于《工作场所有害因素职业接触限值　第 1 部分：化学有害因素》（GBZ 2.1—2019）规定的限值。

3）作业过程中可能缺氧。

4）作业过程中可燃性或有毒有害气体、蒸气浓度可能突然升高。

（3）符合下列所有条件的环境为 3 级。

1）氧含量为 19.5%～23.5%。

2）可燃性气体、蒸气浓度不大于爆炸下限的 5%。

3）有毒有害气体、蒸气浓度不大于《工作场所有害因素职业接触限值　第 1 部分：化学有害因素》（GBZ 2.1—2019）规定的限值的 30%。

4）作业过程中各种气体、蒸气浓度值保持稳定。

其中，有毒有害气体、蒸气浓度的限值应选取《工作场所有害因素职业接触限值　第 1 部分：化学有害因素》（GBZ 2.1—2019）规定的最高容许浓度或短时间接触容许浓度，无最高容许浓度和短时间接触容许浓度的物质，应选用时间加权平均容许浓度。

60. 有限空间风险评估的步骤有哪些？

（1）辨识危害。对有限空间进行危险有害因素的辨识，目的是

33

找出所有可能会导致人员伤亡、疾病或财产损失的因素。辨识中应全面考虑作业环境的位置、结构特点，环境中原本存在的和作业过程中使用的物料及设备等带来的影响，分析是否存在缺氧窒息、燃爆、中毒、淹溺、高处坠落、触电、机械伤害、极端温度、噪声等因素。

（2）分析风险。风险分析采用"风险度 R =发生可能性 L×后果严重性 S"的评价法，对危险有害因素发生的可能性及引发后果的严重性进行研判，从而获得风险等级结果。

（3）制定控制措施。根据风险评估的结果，采取相应的控制措施，有效地消除或降低风险，以保证作业安全。

1）从根源上消除危险的措施。如采取机械作业代替人工作业等。

2）从根源上降低危险的措施。如设置屏障，将危险有害物质隔离到作业区域外；清除作业环境中的危险有害物质；通风等。

3）减少作业人员暴露于危险的措施。如采用轮班制，减少有限空间作业时间；使用合适、有效的个人防护用品等。

4）危险警示的措施。如张贴警示标志等。

将风险评估中提出的控制措施、安全防护装备及用具、注意事项等纳入作业审批表（或工作许可证）中，提示作业人员遵守，以备管理者进行核查。

61. 有限空间作业负责人的安全职责有哪些？

（1）接受有限空间作业安全教育和培训，掌握本职工作所需的安全生产知识，考核合格后上岗。

（2）负责填写有限空间作业审批材料，办理作业审批手续。

（3）在作业前，对实施作业的全体人员进行安全交底，告知作业内容、作业方案、主要危险有害因素、作业安全要求及应急处置方案等内容。

（4）完全掌握作业内容，掌握整个作业过程中存在的危险有害因素、防范措施、应急处置程序。

（5）监督作业人员按照方案进行作业准备，确认作业环境、作业程序、防护设施、作业人员符合要求，作业人员安全防护到位后授权作业。

（6）及时掌握作业过程中可能发生的条件变化，当有限空间作业条件不符合安全要求时，终止作业。

（7）当发生有限空间事故时，及时报告并启动应急救援预案。

62. 有限空间作业监护人员的安全职责有哪些?

（1）接受有限空间作业安全教育和培训，掌握本职工作所需的安全生产知识，考核合格后上岗。

（2）接受作业负责人在作业前的安全交底、危险点告知等内容。

（3）检查安全措施的落实情况，发现落实不到位或措施不完善时，有权下达暂停或终止作业的指令。

（4）全过程掌握作业人员作业期间情况，保证在有限空间外持续监护，能够与作业人员进行有效的操作作业、报警、撤离等信息沟通。

（5）发现异常情况时立即向作业人员发出撤离警报，并向现场负责人报告。发生事故后，协助开展事故应急救援工作，不得盲目进入有限空间内施救。

（6）对未经许可靠近或者试图进入有限空间的人员予以警告并劝离，如果未经许可者进入有限空间，应及时通知作业人员和作业负责人。

（7）作业完成后，监督并协助作业人员对有限空间予以恢复或封闭。

63. 有限空间作业作业人员的安全职责有哪些？

（1）接受有限空间作业安全教育和培训，掌握本职工作所需的安全生产知识，考核合格后上岗。

（2）接受作业负责人在作业前的安全交底、危险点告知等内容。

（3）遵守有限空间作业安全操作规程，正确使用有限空间作业安全防护设备与个人防护用品，服从作业负责人安全管理，接受现场安全监督。

（4）在作业过程中，应与监护人员进行有效的操作作业、报警、撤离等信息沟通。

（5）在作业过程中出现异常情况、感到不适或呼吸困难时，立即向监护人员发出信号，并停止作业或者在采取可能的应急措施后撤离有限空间。

（6）作业完成后，将全部作业设备和工具带离有限空间，对有限空间予以恢复或封闭。

64. 有限空间作业检测人员的安全职责有哪些？

（1）接受有限空间作业安全教育和培训，掌握本职工作所需的安全生产知识，考核合格后上岗。

（2）掌握有限空间危险有害气体的基本知识及气体检测仪器的使用方法。

（3）实施作业前对危险有害气体进行检测并全程监测，如实记录危险有害气体数据，对气体检测仪器的完好、灵敏有效、分析数据的准确性负责。

（4）与监护人员进行有效的沟通。

65. 为什么要开展有限空间作业安全专项培训？培训有什么要求？

安全生产教育培训是安全管理的一项最基本的工作，也是确保安全生产的前提条件。通过安全教育培训，可以提高从业人员的安全防护技能，强化从业人员的安全防范意识，有效预防事故的发生。《中华人民共和国安全生产法》要求生产经营单位应当对从业人员进行安全生产教育和培训，未经安全生产教育和培训合格的从业人员，不得上岗作业。

存在有限空间的单位应对相关人员每年至少组织 1 次有限空间作业安全专项培训，其中，发包单位应至少对本单位有限空间作业安全管理人员进行培训，作业单位应至少对本单位有限空间作业安全管理人员、作业负责人、监护人员、作业人员和应急救援人员进行培训。

66. 有限空间作业安全培训包含哪些内容？

（1）有限空间作业安全相关法律法规。

（2）有限空间作业事故案例分析。

（3）有限空间作业安全管理要求。

（4）有限空间作业危险有害因素和安全防范措施。

（5）有限空间作业安全操作规程。

（6）安全防护设备、个体防护装备及应急救援设备设施的正确使用方法。

（7）紧急情况下的应急处置措施。

单位应做好培训记录，由参加培训的人员签字确认，并将培训签到记录、讲义和考核试卷等相关材料归档保存。

有限空间作业安全技术

67. 有限空间作业程序是什么?

有限空间作业通用程序包括作业审批、作业准备、危害告知、安全隔离、清除置换、检测分析、通风换气、正确防护、安全监护、安全撤离等。图 2-1 为基于不同作业环境级别的有限空间作业程序。

68. 进入有限空间作业前,需要办理什么手续?

进入有限空间作业必须办理《有限空间作业审批表》。如果涉及动火作业、高处作业等,还要办理《动火作业审批表》和《高处作业审批表》等,不能使用《有限空间作业审批表》来代替。

69. 如何填写有限空间作业审批表?

《有限空间作业审批表》中应至少包括有限空间名称、作业单位、作业内容、作业时间、可能存在的危险有害因素、作业人员、主要安全防护措施、作业负责人意见及签字项、审批责任人意见及签字项等内容,见表 2-1。

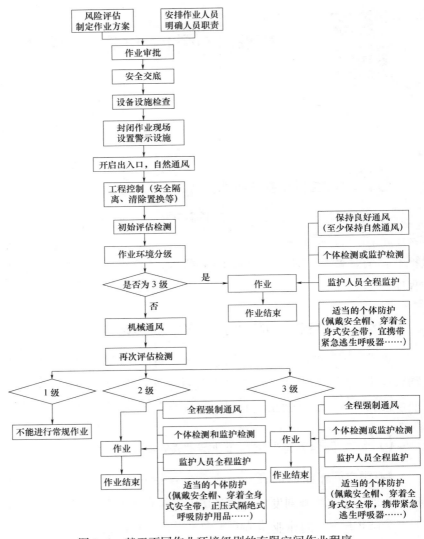

图 2-1　基于不同作业环境级别的有限空间作业程序

表 2-1　　　　　　　　有限空间作业审批表（示例）

编号		有限空间名称	
作业单位			
作业内容		作业时间	
可能存在的危险有害因素			
作业负责人		监护人员	
作业人员		其他作业人员	
主要安全防护措施	1. 制定有限空间作业方案并经审核批准。□ 2. 参加本次作业人员经过有限空间作业安全相关培训，并经考核合格。□ 3. 地下有限空间作业，监护人员持有效的特种作业操作证。□ 4. 安全防护设备、个体防护装备、作业设备和工具齐全、有效，满足要求。□ 5. 应急救援设备设施满足要求。□		
作业负责人意见	作业负责人确认以上安全防护措施是否符合要求。是□　否□ 作业负责人（签字）： 　　　　　　　　　　　　　　　年　　月　　日		
审批责任人意见	审批责任人是否批准作业：批准□　不批准□ 审批责任人（签字）： 　　　　　　　　　　　　　　　年　　月　　日		

　　《有限空间作业审批表》应经过单位审批责任人签字确认方为生效，存档时间至少 1 年。未经审批，任何人不得开展有限空间作业。

　　对于承发包作业，作业审批环节不仅在作业单位（即承包商内部）进行，还应扩展到发包单位进行延伸审批，其目的是为了使发包单位知晓有限空间作业安排，在实施作业前以及作业过程中进行监督。

填写《有限空间作业审批表》时，应注意以下要点。

（1）有限空间名称：应与实际作业对象一致，具体到设施、设备。

（2）作业内容：指作业的具体内容，如清理、检修、电焊、涂刷防腐涂料等作业。

（3）作业负责人、监护人员和作业人员：审批表中应填写作业涉及的全部人员姓名。

（4）安全防护措施：确认作业方案、人员培训和持证情况、设备配置等防护措施是否有效。

（5）作业审批：审批责任人应与审批制度中规定的人员相符。

70. 进入有限空间作业需要做哪些准备工作?

（1）组织编制作业方案并明确人员职责。

1）组织编制作业方案。

①风险辨识与评估。作为作业方案制定的重要依据和基础，作业单位应在作业前对作业环境及作业过程进行风险辨识与评估，从有限空间内部存在、作业时产生以及外部环境影响三方面分析有限空间作业可能存在的危险有害因素，评估作业风险。进行风险辨识时，应全面考虑作业环境的位置、结构特点，环境中原本存在的和作业过程中所使用的物料及设备等带来的影响，分析是否存在缺氧窒息、中毒、燃爆、高处坠落、淹溺、触电、机械伤害、高温高湿等危险有害因素。

②制定作业方案。根据风险评估结果，制定科学、合理、针对性强的作业方案。作业方案应经过单位安全管理人员审核，负责人批准。审核、批准后的作业方案将作为指导作业实施的重要依据。

2）明确人员职责。根据作业方案，确定作业负责人、监护人员、作业人员等，并明确各自的安全职责。

①作业负责人。作业负责人是负责组织实施有限空间作业的管理人员，全程在现场指挥、参与作业。作业负责人要履行安全交底、掌握作业全过程（包括授权批准或终止作业）、发生紧急情况时启动应急救援预案等职责。

②监护人员。监护人员是在有限空间外对有限空间作业进行专职看护的人员。监护人员要履行作业全程监护并与作业人员进行有效沟通、防止无关人员进入作业区域、紧急情况下协助开展救援等职责。

③作业人员。作业人员是进入有限空间作业的人员。作业人员要履行遵守操作规程、正确使用防护设备设施、与监护人员保持有效沟通等职责。

此外，应确保实施作业的相关人员经过有限空间作业安全生产培训，并考核合格，了解、掌握有限空间作业主要危险有害因素、安全防护措施、应急救援措施、安全防护设备设施使用等方面的知识和操作方法，熟练掌握本次作业的作业方案。其中从事化粪池（井）、粪井、排水管道及其附属构筑物（含污水井、雨水井、提升井、闸井、格栅间、集水井等）、电力电缆井、燃气井、热力井、自来水井、有线电视及通信井等的地下有限空间运行、保养、维修、清理作业的，监护人员应按照有关规定，经培训考核合格，持证上岗作业。

（2）作业审批。有限空间作业前，作业负责人应根据本单位制定的有限空间作业审批制度，填写《有限空间作业审批表》，履行审批手续。通过作业审批环节，可以使有限空间作业安全管理部门或主管领导对所制定的有限空间作业方案以及配置的人力资源和设备设施、采用的安全防护措施等内容进行监督和把关，在作业前对不合格事项及时调整，从而保障作业安全。

（3）安全交底。开始作业前，作业负责人应对所有作业相关人员进行安全交底，明确作业内容、作业方案、作业中可能存在的危险有害因素、应采取的防护措施和应急救援措施等内容。交底清楚后，交底人与被交底人应进行签字确认，安全交底单应存档备查。

（4）设备设施齐备和安全检查。为保障作业安全，作业单位应配置有限空间作业安全防护设备、个体防护装备、应急救援设备设施、作业设备和工具。每套作业安全防护设备、个体防护装备、应急救援设备设施种类和数量应至少满足以下要求。

1）应配置1套围挡设施。

2）应配置1个具有双向警示功能或2个具有单向警示功能的安全告知牌。

3）应配置气体检测报警仪，至少需要1台泵吸式气体检测报警仪。

4）应配置强制送风设备，与风管配合使用。

5）当有限空间内照度不足时，每名作业人员应配备1台照明灯具。救援时每名救援人员应配备1台照明灯具。

6）每名作业人员和监护人员宜各配备1台对讲机。救援时每名救援人员应配备1台对讲机。

7）配备呼吸防护用品。根据作业实际需要配备送风式长管呼吸器、正压式空气呼吸器等正压式隔绝式呼吸防护用品，或正压式隔绝式紧急逃生呼吸器。救援时每名救援人员应配备1套正压式空气呼吸器或高压送风式呼吸器。

8）每名作业人员、救援人员均应配备1个安全帽。

9）每名作业人员、救援人员均应配备1条全身式安全带。

10）每个进出口处宜配置 1 个速差器。

11）作业人员活动区域与有限空间出入口间无障碍物的，每名作业人员应配备 1 条安全绳。救援时救援人员应配备 1 条安全绳。

12）每个有限空间出入口应配置 1 套三脚架（含绞盘）。

作业前，应对安全防护设备、个体防护装备、应急救援设备设施、作业设备和工具是否齐备和安全进行检查，发现问题应立即补充、修复或更换。严禁使用不合格的设备、工具及防护器具。

1）齐备检查主要针对设备设施和工器具是否符合作业环境级别和作业内容的需要。

2）安全检查主要针对设备设施和工器具是否符合下列要求：

①外观无破损。

②当有限空间内存在可燃性气体和爆炸性粉尘时，应满足防爆要求。

③需要进行检定的，应在检定有效期。

④设备电压安全。

⑤运转、工作正常等。

71. 进入有限空间作业，如何进行危害告知？

在有限空间出入口周边显著位置应设置至少 1 个具有双向警示功能或 2 个具有单向警示功能的有限空间作业安全告知牌，如图 2-2 所示。安全告知牌中主要包括警示标志、作业现场危险性、安全操作注意事项、主要危险有害因素浓度要求、应急电话等内容。有限空间作业安全告知牌的设置，一方面是为了引起作业相关人员的注意和重视，另一方面是警告周围无关人员远离作业区域。

除安全告知牌外，还应在作业现场显著位置设置有限空间作业信

46

图2-2 有限空间作业安全告知牌样式

息公示牌，如图2-3所示。信息公示牌内容包括作业单位名称与注册地址、作业审批责任人姓名与联系方式、作业负责人姓名与联系方式、现场作业的主要内容。

图2-3 有限空间作业信息公示牌样式

72. 如何封闭有限空间作业区域?

到达有限空间作业现场后,作业人员应使用路锥、施工隔离墩、防撞桶、路栏和警戒线等围挡设施封闭作业区域。封闭的作业区域应留有出入口,出入口内外不得有障碍物,便于人员临时性出入或实施救援。

73. 夜间实施有限空间作业应采取什么措施加强安全警示?

夜间实施有限空间作业的,作业现场除日常安全防护措施外,还应采取以下措施,加强安全警示。

（1）使用包含反光材料的围挡设施、安全告知牌和信息公示牌。

（2）在作业区域周边显著位置设置警示灯。

（3）地面作业人员穿着高可视性警示服装,如反光背心、带反光带的工作服等。高可视性警示服装的警示级别至少满足《防护服装　职业用高可视性警示服》（GB 20653—2020）规定的 1 级要求,使用的反光材料应符合《防护服装　职业用高可视性警示服》（GB 20653—2020）规定的 3 级要求。

74. 占道作业设置交通安全设施应符合什么标准?

对于需要占用道路进行有限空间作业的,应设置符合《道路交通标志和标线　第 2 部分:道路交通标志》（GB 5768.2—2022）、《道路交通标志和标线　第 3 部分:道路交通标线》（GB 5768.3—2009）、《城市道路施工作业交通组织规范》（GA/T 900—2010）等要求的交通安全设施,保障作业安全。

47

75. 什么是有限空间安全隔离？有限空间为什么要进行安全隔离？

有限空间安全隔离就是通过封闭、封堵、切断能源等可靠的隔离（隔断）措施，完全阻止危险有害物质和能源（水、电、气、热、机械）进入有限空间或在有限空间中意外释放，将作业环境从整个危险有害场所的环境中分隔出来，然后在有限的范围内采取安全防护措施，确保作业安全。

部分化工管道、容器、污水池、化粪池、集水井、发酵池等有限空间，都与外界系统有管道连接。外界的危险有害物质随时可以通过管道进入作业区域，威胁作业人员的生命安全。为防止外界因素对有限空间作业安全的影响，在作业前有必要通过隔离手段对待作业的有限空间范围加以限定并采取有效防护。

76. 常见的有限空间安全隔离的做法有哪些？

（1）通过封闭管路阀门，同时采取加装盲板、错开连接着的法兰或拆除一段管道等方式，截断危害性气体、蒸气可能进入作业区域的通路。

（2）采取封堵、导流等措施防止有害气体、尘埃或泥沙、水等其他自由流动的液体和固体涌入有限空间。

（3）切断与有限空间作业无关或可能造成人员伤害的电源。

（4）关闭有限空间内外一切不必要的加热装置。

（5）设置必要的隔离区域或屏障。

实施安全隔离后，还应采取上锁、悬挂"正在工作，请勿开启"等警示标识、标语，或专人看管等方式，确保隔离措施安全有效，防止无关人员意外操作。

77. 进入有限空间作业前，常见的清除置换措施有哪些？

进入有限空间作业前，应尽可能在有限空间外采取有效措施，清除置换有限空间中可能残留或释放出的有毒有害物质，以及影响作业安全的其他物质，消除危险源。常见的清除置换措施有：

（1）开启有限空间出入口进行自然排空。例如，打开罐（釜）的人孔自然排空残存的有毒有害气体；倾斜储罐或开启排放口将残留的液体、固体排走。

（2）使用机械设备进行清除。例如，使用水泵或吸污泵将有限空间内积水、污泥排走。

（3）使用合适的物质进行清洗、置换。例如，通过高压射水车将水射入排水管道中清洗淤泥；使用溶剂清洗釜、罐等有限空间中存在的腐蚀性物质或不易挥发物质；使用水蒸气对有限空间内存在的挥发性有毒物质（可溶于水的）进行净化，并在系统冷却后排出剩余液体；使用化学惰性气体（如氮气、二氧化碳等）置换有限空间内存在的易燃易爆物质等。

78. 在清除、清洗、置换有限空间危险有害物质时应注意什么？

（1）抽积水或排除淤泥、污物时，应选用绝缘性能良好的水泵或吸污泵，防止因漏电导致人员触电。

（2）使用机械设备进行清除置换时，为其供电的燃油动力设备应放置在有限空间外，若特殊条件下必须置于有限空间内运转，停止工作后应进行通风换气，防止有限空间内一氧化碳等有毒有害气体积聚导致人员中毒。

（3）使用水蒸气或化学惰性气体净化后，应进行充分通风，防止因水蒸气净化后有限空间内散热和水蒸气凝结产生"真空"状态导致人员缺氧，或因化学惰性气体浓度过高导致人员缺氧。

79. 进入有限空间作业前，如何进行气体检测分析？

气体检测人员应对有限空间内的危险有害气体进行检测，根据不同化学物质的理化性质，对作业场所存在的危险有害气体进行分析，判断危险有害气体的浓度是否超过限值，并对作业环境的危险程度作出评估，为作业人员采取何种防护措施进入有限空间内实施作业提供科学依据。

（1）检测内容。气体检测前，应对有限空间、连通管道及其周边环境进行调查，分析有限空间中可能存在的气体种类。如果这一过程在有限空间风险评估阶段已经实施，也可以利用辨识和评估结果分析有限空间作业环境中的气体种类。根据有限空间内可能存在的气体种类进行针对性检测，应至少检测氧气、可燃性气体、硫化氢和一氧化碳。

当有限空间内气体环境复杂，作业单位不具备检测能力时，应委托具有相应检测能力的单位进行检测。此外，当一种气体具有有毒、燃爆双重性质时，应比较该物质引起危害发生所对应的浓度值，选择较低的值作为评估标准。以硫化氢为例，表2-2为使用可燃气体检测报警仪检测硫化氢时，不同硫化氢气体浓度所代表的意义。

从表2-2可以看出，若使用可燃气体检测报警仪检测硫化氢，当检测结果为爆炸下限（LEL）的5%时，虽然其爆炸风险较低，但此时其浓度已达到3 055 mg/m³，超过了最高容许浓度以及立即威胁生命或健康浓度，对作业人员生命安全构成了极大的威胁。因此，硫化氢气体的评估标准应为最高容许浓度,即 10 mg/m³。

表 2-2   不同硫化氢浓度所代表的意义

%LEL	ppm	mg/m³	备注
100%	43 000	61 100	氧气充足的情况下,遇明火或高温物体会发生爆炸的最低浓度
10%	4 300	6 110	可燃气体检测报警器设定的默认值
5%	2 150	3 055	—
0.7%	300	430	立即威胁生命或健康浓度(IDLH)
0.02%	7	10	最高容许浓度(MAC)

（2）检测方法。检测人员应在有限空间外的上风侧,使用泵吸式气体检测报警仪检测有限空间内气体环境。当有限空间内存在积水、积泥、积液、污物时,应先在有限空间外利用工具进行清除、清洗,如果不能去除残留物质,应利用工具充分搅动,使其内部积存的气体充分释放后再进行检测。检测点的布置应从有限空间出入口开始,沿人员进入的方向,由上至下或由近至远设置检测点进行气体检测。

1）垂直方向的检测要考虑气体、蒸气可能积聚的位置,如图2-4、图 2-5 所示,在有限空间上、中、下不同高度设置检测点。设置检测点数量不应少于 3 个,上、下检测点距离有限空间顶部和底部均不应超过 1 m,中间检测点均匀分布,检测点之间的距离不应超过8 m。

2）水平方向的检测,要考虑距出入口不同位置的气体,受外界空气影响水平不同,可能会导致气体浓度有所不同。设置检测点数量不应少于 2 个,近端点距离有限空间出入口不应小于 0.5 m,远端点距离有限空间出入口不应小于 2 m。

检测时,每个检测点的每种气体应连续检测 3 次,每次检测在每

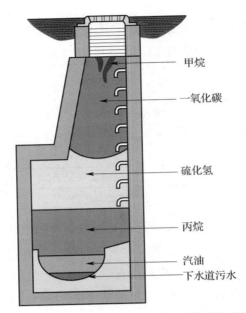

甲烷

一氧化碳

硫化氢

丙烷

汽油
下水道污水

图 2-4　下水道检修井不同气体积聚位置示意图

个检测点都要停留一定时间。所停留时间一方面要满足有限空间内气体通过采气管进入气体检测设备中的时间，另一方面要满足检测设备的响应时间，以获取准确的检测数据。

（3）数据读取和记录。当气体检测报警仪不仅发出报警声音，屏幕显示也出现异常的情况下，通常表明待测气体浓度超出仪器测量范围，此时应立即将气体检测报警仪脱离检测环境，使其在洁净空气环境中"归零"，检查气体检测报警仪能否正常工作。如果气体检测报警仪可以正常工作，则需要采取通风措施降低危险有害气体浓度后，方可进行下一次检测。

如果气体检测报警仪发生故障，应立即停止检测并及时更换，此前检测的数据不能作为判断环境危险性和指导安全防护措施的依据。

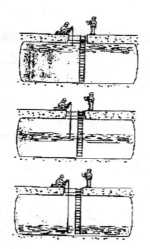

图 2-5 有限空间检测位置示意图

对于气体检测数据的读取应符合以下要求：

1）氧含量检测数据在 23.5% 以下的取最低值，在 23.5% 以上的取最高值。

2）可燃性气体、硫化氢、一氧化碳等其他气体检测数据取最高值。

目前，大部分气体检测报警仪测得的气体浓度都是以体积浓度单位（ppm）表示的。而按我国相关限值规定，气体浓度多以质量浓度单位（mg/m³）表示。因此，读取的数据需要经过换算后，才能对检测超标情况进行判断。

检测人员应当真实记录检测的时间、地点、检测位置、气体种类、检测结果等信息，并在检测记录表上签字。

（4）结果评估。综合以上信息，对检测结果进行评估，为下一步的工程控制和防护设备选用等工作提供依据。

80. 按检测时间不同，有限空间气体检测分为哪几类？

有限空间气体检测应从作业前开始至作业结束，贯穿作业全过程。

（1）作业前检测。进行有限空间作业时，应按照"先检测后作业"的原则，在作业开始前对气体环境进行检测。其中包括：开启有限空间出入口的盖板或门后；通风、清洁、吹扫有限空间后；作业人员进入新作业场所前。

（2）作业中实时检测。在作业过程中实时检测有限空间内危险有害气体的浓度变化，并随时采取必要的措施。

81. 有限空间作业过程中进行的实时气体检测有哪些检测类型？

作业中实时检测主要有以下两种检测类型。

（1）监护检测——有限空间外的实时检测。负责检测的人员在有限空间外使用泵吸式气体检测报警仪进行检测。将采气导管投掷到作业人员所在的作业场所，并随作业人员的移动而移动。一旦有毒有害气体的浓度超过预设的报警值时，仪器便会发出报警，地面监护人员则立即通知作业人员进行撤离，并在作业人员重新进入有限空间实施作业前采取措施降低危险有害气体的浓度。这种方法的优点是能够在最大限度上保证检测人员的安全，并且作业现场的负责人可根据环境中气体浓度的变化随时调整及完善作业方案，从而确保作业人员的安全。监护检测应至少每 15 min 记录一个瞬时值。

（2）个体检测——有限空间内的实时检测。作业人员携带气体检测报警仪进入有限空间进行检测。尤其是当有限空间内的障碍物较多；采气导管容易被划破，影响检测结果；或需要进行长距离作业，采气泵无法达到要求时，必须将气体检测报警仪带入有限空间内进行检测。作业人员将检测结果及时向监护人员、作业负责人进行通报，一旦仪器发出报警，应及时采取处置、撤离等措施。这种方法的优点是作业人员能够第一时间发现异常，并及时采取措施，最大限度保证作业人员的安全。个体检测同样应至少每 15 min 记录一个瞬时值。

82. 进入有限空间作业前，如何进行通风换气？

在确定有限空间范围后，先打开有限空间的门、窗、通风口、出入口、人孔、盖板等进行自然通风。有限空间的许多场所处于低洼处或密闭环境，在仅靠自然通风不能置换掉危险有害气体或事态紧急时，必须对有限空间进行强制性通风，以迅速排除限定范围的有限空间内的危险有害气体。

83. 有限空间作业进行强制性机械通风时需要注意哪些方面？

（1）确认有限空间是否处于易燃易爆的环境中，若检测结果显示处于易燃易爆的环境，必须使用防爆型通风机，否则易发生火灾爆炸事故。

（2）机械通风设备一般应与风管配合使用。

（3）在进行机械通风时，应采取合理、有效的措施确保通风效果良好，如图 2-6 所示。当有限空间仅有 1 个出入口时，应将机械通风设备风管（即出风口）置于作业区底部（但不触及底部）进行通风，加强空气在整个有限空间内的流动。当有限空间有 2 个或 2 个以上出入口或通风口时，应在临近作业人员处进行送风，远离作业人员处进行排风。需要特别提醒的是，无论有限空间是仅有一个出入口，还是有多个出入口，将风管放置在出入口处都是不合适的。

56

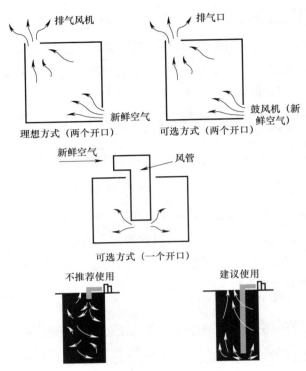

图 2-6 通风方式示例

对一些有限空间中因设计原因或自身设备遮挡后形成的"死角"，可以设置挡板或改变吹风方向。

（4）机械通风应考虑足够的通风量或通风时间，有效降低有限空间内有毒有害气体浓度，满足安全呼吸的要求。

（5）机械通风时要注意空气源新鲜。风机避免选择放置在启动中的机动车排气管附近、发电机旁等可能释放出有毒有害气体的地方。在有限空间外没有其他污染源的情况下，使用送风设备时，风机应尽量放置在有限空间上风侧；使用排风设备时，风机应放置在有限空间下风侧。

（6）使用燃油发电机作为供电设备时，应将其放置在有限空间地面出入口下风侧，与出入口保持一定距离，防止废气进入有限空间内。严禁将燃油发电机放置在有限空间内使用，防止氧气大量消耗或一氧化碳等有毒有害气体积聚，造成作业人员缺氧或有毒有害气体中毒。

（7）对于有限空间设置有固定机械通风系统的，应全程运行。

（8）禁止使用纯氧进行通风。虽然使用纯氧通风可以达到快速提高氧含量的目的，但同时也提高了发生燃爆事故或氧中毒的概率。

84. 实施机械通风后，如何进行再次评估检测和环境判定？

实施机械通风后，检测人员应对有限空间作业环境气体浓度进行再次评估检测，以评估机械通风后的环境是否满足进入作业的安全要求。如果不满足进入作业要求，还需要重复机械通风操作。再次评估检测的检测内容、检测方法、数据读取和记录要求与初始评估检测一致。

此外，当气体检测时间与作业人员进入作业时间相隔超过 10 min，为防止间隔期间有限空间内气体环境发生变化，进入前还需要进行再次评估检测。

得到再次评估检测数据后，一方面依据检测结果，另一方面评估作业过程中气体浓度变化情况，根据《有限空间作业安全技术规范》（DB 11/T 852—2019）中所规定的作业环境分级标准再次进行综合判定：

（1）属 2 级和 3 级作业环境的，可实施作业。

（2）属 1 级环境的，不能作业，需要继续进行机械通风。

85. 根据初始评估结果如何采取防护措施？

（1）初始评估检测为 3 级作业环境（竖向作业、黑暗作业、无法目视监护）。

1）可进入作业。

2）作业人员宜携带紧急逃生呼吸器。在作业过程中突然发生意外（如气体检测报警仪报警、作业人员身体不适等）时，打开气瓶阀，套好面罩（头罩），迅速撤离有限空间。

3）作业人员应穿戴全身式安全带。按"六步法"穿着全身式安全带，D 形环朝外，调整安全带松紧程度。

4）作业人员应佩戴安全帽。调整后颈箍、下颚带，确保戴稳戴正，不会意外脱落。

5）作业人员进出时宜使用速差器，并根据实际情况使用安全绳。速差器、安全绳应与可靠挂点相连。

6）作业人员应使用符合安全电压和安全性能的照明工具，进入前需开启，出离后关闭。

7）作业人员应使用符合安全性能的通信设备，作业过程中保持沟通。

8）检查踏步安全后进入有限空间作业。

9）作业过程中进行个体检测（作业人员佩戴气体检测报警仪）或监护检测（监护人员使用泵吸式气体检测报警仪）。若采用监护检测，检测点应设置在作业人员的呼吸带高度内，且避开通风机送风口处。若采用个体检测，可使用泵吸式气体检测报警仪，也可使用扩散式气体检测报警仪。作业人员进入有限空间前应开启气体检测报警仪，并佩戴在呼吸带范围内。

10）作业过程中至少保持良好的自然通风。

（2）初始评估检测为1级或2级，且再次评估检测为3级作业环境（竖向作业、黑暗作业、无法目视监护）。

1）不能进入作业，根据作业环境选择合适的通风设备进行强制机械通风。

明确采用的通风方式，正确连接风机、风管，放置风机和发电机。

①采用送风方式：风机放置在有限空间外、出入口上风向、空气洁净的地方；发电机放置在出入口下风向；风管出风口放置在有限空间的中下部位置（作业面）。

②采用排风方式：风管进风口尽量靠近有毒有害物质排放点；风机出口放置在有限空间外、出入口下风向；发电机放置在出入口下风向。

空载启动发电机，运行平稳后连接风机；启动风机，充分通风。

2）通风后进行再次评估检测，要求同初始评估检测。

3）检测结果为3级，可以作业。

4）作业人员应携带紧急逃生呼吸器。在作业过程中突然发生意外（如气体检测报警仪报警、作业人员身体不适等）时，打开气瓶阀，套好面罩（头罩），迅速撤离有限空间。

5）作业人员应穿戴全身式安全带。按"六步法"穿着全身式安全带，D形环朝外，调整安全带松紧程度。

6）作业人员应佩戴安全帽。调整后颈箍、下颚带，确保戴稳戴正，不会意外脱落。

7）作业人员进出时宜使用速差器，并根据实际情况使用安全绳。速差器、安全绳应与可靠挂点相连。

8）作业人员应使用符合安全电压和安全性能的照明工具，进入前需开启，出离后关闭。

9）作业人员应使用符合安全性能的通信设备，作业过程中保持沟通。

10）检查踏步安全后进入有限空间作业。

11）作业过程中进行个体检测（作业人员佩戴气体检测报警仪）或监护检测（监护人员使用泵吸式气体检测报警仪）。若采用监护检测，监测点应设置在作业人员的呼吸带高度内，且避开通风机送风口处。若采用个体检测，可使用泵吸式气体检测报警仪，也可使用扩散式气体检测报警仪。作业人员进入有限空间前应开启气体检测报警仪，并佩戴在呼吸带范围内。

12）作业过程中应进行强制机械通风，要求同作业前机械通风。

（3）初始评估检测为1级或2级，且再次评估检测为2级作业环境（竖向作业、黑暗作业、无法目视监护）。

1）不能进入作业，根据作业环境选择合适的通风设备进行强制机械通风。

明确采用的通风方式，正确连接风机、风管，放置风机和发电机。

①采用送风方式：风机放置在有限空间外、出入口上风向、空气洁净的地方；发电机放置在出入口下风向；风管出风口放置在有限空间的中下部位置（作业面）。

②采用排风方式：风管进风口尽量靠近有毒有害物质排放点；风机出风口放置在有限空间外、出入口下风向；发电机放置在出入口下风向。

空载启动发电机，运行平稳后连接风机；启动风机，充分通风。

2）通风后进行再次评估检测，要求同初始评估检测。

3）检测结果为 2 级，可以作业。

4）作业人员应使用正压式隔绝式呼吸防护用品，根据实际情况选择送风式长管呼吸器或正压式空气呼吸器等呼吸防护用品。

①使用送风式长管呼吸器：将送风机放置在有限空间外空气洁净处，开机，戴面罩，调节风量，系腰带。

②使用正压式空气呼吸器：背空气呼吸器，气瓶倒置于背部，调整肩带，系好腰带。打开气瓶阀，佩戴面罩，并调整面罩，与脸部紧密贴合。连接供气阀与面罩，打开供气阀吸气，连续呼吸，听到报警声音立即撤离。

5）作业人员应穿戴全身式安全带。按"六步法"穿着全身式安全带，D 形环朝外，调整安全带松紧程度。

6）作业人员应佩戴安全帽。调整后颈箍、下颚带，确保戴稳戴正，不会意外脱落。

7）作业人员进出时宜使用速差器，并根据实际情况使用安全绳。速差器、安全绳应与可靠挂点相连。

8）作业人员应使用符合安全电压和安全性能的照明工具，进入前需开启，出离后关闭。

9）作业人员应使用符合安全性能的通信设备，作业过程中保持沟通。

10）检查踏步安全后进入有限空间作业。

11）作业过程中同时进行个体检测（作业人员佩戴气体检测报警仪）和监护检测（监护人员使用泵吸式气体检测报警仪）。监护检测，监测点应设置在作业人员的呼吸带高度内，且避开通风机送风口处。个体检测，可使用泵吸式气体检测报警仪，也可使用扩散式气体检测报警仪。作业人员进入有限空间前应开启气体检测报警仪，并佩戴在呼吸带范围内。

12）作业过程中应进行强制机械通风，要求同作业前机械通风。

86. 进入有限空间作业，如何进行正确的个体防护？

（1）呼吸防护。根据《有限空间作业安全技术规范》（DB11/T 852—2019）的要求，可以按照以下原则选择呼吸防护用品。

1）当初始评估检测结果为 3 级作业环境时，每名作业人员宜携带 1 套正压式隔绝式紧急逃生呼吸器。

该环境级别表明有限空间内本身氧含量合格，易燃易爆、有毒有害气体浓度为零或很低，并且作业过程中各项气体、蒸气浓度值能保持稳定，作业环境较为安全。在这种环境下，作业人员进入有限空间作业可不佩戴呼吸防护用品，宜携带正压式隔绝式紧急逃生呼吸器以备不时之需。

2）当再次评估检测结果为 3 级作业环境时，每名作业人员应携带 1 套正压式隔绝式紧急逃生呼吸器。

该环境级别表明有限空间内本身存在一定作业风险，但通过工程控制措施可在作业前使有限空间内氧含量合格，消除有毒有害气体或有效降低其浓度，且可以确保作业过程中各项气体、蒸气浓度值保持稳定，作业环境较为安全。在这种情况下，作业人员进入有限空间作业可不佩戴呼吸防护用品，但应该携带正压式隔绝式紧急逃生呼吸器以备不时之需。

3）当再次评估检测结果为 2 级作业环境时，每名作业人员应佩戴 1 套正压式隔绝式呼吸防护用品进入作业。

该环境级别表明即使实施了工程控制措施，作业环境有毒有害气体浓度仍然接近"有害环境"，或者作业过程中可能发生缺氧、有毒有害气体涌出等情况。在这种情况下，作业人员需要佩戴正压式隔绝式呼吸防护用品，如送风式长管呼吸器或正压式空气呼吸器，以保护其生命安全。

（2）坠落防护。作业时，作业人员应穿戴全身式安全带。作业人员穿戴安全带，利用安全带上的 D 形环，配合其他坠落防护用品使用，一方面可降低坠落防护伤害，另一方面一旦发生事故，便于将作业人员提升出有限空间。

进出有限空间过程中宜选择速差器配合安全带使用，一旦发生坠落，速差器可利用其内部锁止系统进行自动锁止，减轻坠落人员遭受的冲击，同时减小下坠摇摆幅度，避免撞击其他物体导致事故伤害。

当作业人员活动区域与有限空间出入口间无障碍物时，应使用安全绳。一旦发生事故，便于有限空间外人员进行快速救援。

当使用速差器和安全绳时，在有限空间外需要设置可靠挂点，如三脚架，将速差器、安全绳牢固地固定在挂点上，防止意外脱落影响正常使用。

（3）其他防护。作业人员应全程佩戴安全帽，以保护头部免受伤害。此外，有限空间作业环境还有可能面临易燃易爆、高温、噪声、涉水、带电等各种不良因素，作业人员还应依据《个体防护装备配备规范　第 1 部分：总则》（GB 39800.1—2020），穿戴防护服、防护手套、防护鞋、防护眼镜等个体防护用品，加强自身安全防护。

1）易燃易爆环境，应配备和使用防静电服、防静电鞋，全身式安全带金属件应经过防爆处理。

2）涉水作业环境，应配备和使用防水服、防水胶鞋。

3）当地下有限空间作业场所噪声大于 85 dB（A）时，应配备和使用耳塞或耳罩等。

4）操作电气设备时，应配备和使用绝缘手套、绝缘鞋等。

87. 如何根据有限空间作业环境危险级别配置安全防护设备设施？

（1）初始评估检测为1级或2级，且再次评估检测为2级作业环境时，应配置的有：

1）有限空间出入口周边配置1套围挡设施、1个具有双向警示功能或2个具有单向警示功能的安全告知牌。

2）作业前，每名作业人员进入有限空间的入口应配置1台泵吸式气体检测报警仪。作业中，每个作业面应至少有1名作业人员配置1台气体检测报警仪，监护人员应配置1台泵吸式气体检测报警仪。

3）1台强制送风设备。

4）每名作业人员应配置1套正压式隔绝式呼吸防护用品。

5）每名作业人员应配置1条全身式安全带。

6）每名作业人员应配置1个安全帽。

在一定条件下应配置的有：

1）有限空间内照明不足时，每名作业人员应配置1台照明灯具。

2）作业人员活动区域与有限空间出入口间无障碍物的，每名作业人员应配置1条安全绳。

根据作业现场情况宜配置的有：

1）每名作业人员和监护人员宜各配置1台对讲机。

2）每个进出口宜配置1个速差器。

3）每个有限空间出入口宜配置1套三脚架（含绞盘）。

（2）初始评估检测为1级或2级，且再次评估检测为3级作业环境时，应配置的有：

1）有限空间出入口周边配置 1 套围挡设施、1 个具有双向警示功能或 2 个具有单向警示功能的安全告知牌。

2）作业前，每名作业人员进入有限空间的入口应配置 1 台泵吸式气体检测报警仪。作业中，每个作业面应至少配置 1 台气体检测报警仪。

3）1 台强制送风设备。

4）每名作业人员应配置 1 套正压式隔绝式逃生呼吸器。

5）每名作业人员应配置 1 条全身式安全带。

6）每名作业人员应配置 1 个安全帽。

在一定条件下应配置的有：

1）有限空间内照明不足时，每名作业人员应配置 1 台照明灯具。

2）作业人员活动区域与有限空间出入口间无障碍物的，每名作业人员应配置 1 条安全绳。

根据作业现场情况宜配置的有：

1）每名作业人员和监护人员宜各配置 1 台对讲机。

2）每个进出口宜配置 1 个速差器。

3）每个有限空间出入口宜配置 1 套三脚架（含绞盘）。

（3）初始评估检测为 3 级作业环境，应配置的有：

1）有限空间出入口周边配置 1 套围挡设施、1 个具有双向警示功能或 2 个具有单向警示功能的安全告知牌。

2）作业前，每名作业人员进入有限空间的入口应配置 1 台泵吸式气体检测报警仪。作业中，每个作业面应至少配置 1 台气体检测报警仪。

3）每名作业人员应配置 1 条全身式安全带。

4）每名作业人员应配置1个安全帽。

在一定条件下应配置的有：

1）有限空间内照明不足时，每名作业人员应配置1台照明灯具。

2）作业人员活动区域与有限空间出入口间无障碍物的，每名作业人员应配置1条安全绳。

根据作业现场情况宜配置的有：

1）宜配置1台强制送风设备。

2）每名作业人员和监护人员宜各配置1台对讲机。

3）每名作业人员宜配置1套正压式隔绝式逃生呼吸器。

4）每个进出口宜配置1个速差器。

5）每个有限空间出入口宜配置1套三脚架（含绞盘）。

88. 进入有限空间作业，如何进行安全监护？

由于有限空间作业的情况复杂、危险性大，必须指派培训合格的专业人员担任监护工作，并且在作业不同阶段履行相应的职责。

（1）作业前。

1）应熟悉作业区域的环境和工艺情况，具备判断和处理异常情况的能力，掌握急救知识。

2）应对采用的安全防护措施有效性进行检查，确认作业人员个人防护用品选用正确、有效。当发现安全防护措施落实不到位时及时更正。

（2）作业期间。

1）监护人员应在有限空间外全程持续监护，工作期间严禁擅离职守。

2）跟踪作业人员作业过程，掌握检测数据，适时与作业人员进行有效的作业、报警、撤离等信息沟通。

3）发生紧急情况时向作业人员发出撤离警告，并协助作业人员逃生。

4）监护人员应防止无关人员进入作业区域。

89. 有限空间作业过程中通风应注意什么？

即使评估检测合格，在有限空间作业过程中，工作环境气体浓度也有可能发生变化，因此要在作业过程中保持良好通风。作业过程中通风应注意：

（1）当初始评估检测为3级作业环境时，应至少保持自然通风。该环境级别表明有限空间内有毒有害、易燃易爆气体浓度为零或很低，且作业过程中各项气体、蒸气浓度值能保持稳定，作业风险相对较低，在作业过程中不强制要求进行机械通风，但至少应保持自然通风。

（2）当初始评估检测为非3级作业环境时，应持续进行机械通风。该环境级别表明有限空间内本身存在一定风险，虽通过机械通风措施使环境级别有所降低，但仍需防范有限空间内易燃易爆、有毒有害气体浓度突然增高的风险。为保障作业人员的安全，无论再次评估检测是3级作业环境还是2级作业环境，都应全程进行机械通风。

（3）当进行涂装作业、防水作业、防腐作业、焊接作业、动火作业、内燃机作业时，应持续进行机械通风。在有限空间中进行上述作业时，作业过程中会产生易燃易爆和有毒有害气体，或大量消耗氧气，此时应通过机械通风降低危险有害气体浓度。

90. 作业人员进出有限空间时应注意什么？

（1）进出有限空间前，应检查踏步、安全梯等辅助设施是否牢固和安全，并在进出时蹬稳、踏牢，严禁随意蹬踩管线、电缆、电缆托（支、吊）架、托板、槽盒等附属设备。

（2）使用安全梯时，作业人员进入有限空间后不得随意撤出安全梯。

（3）如果出现无踏步、踏步损坏严重或无法架设安全梯等情况时，应通过升降工具，如使用三脚架和绞盘，帮助作业人员安全进出有限空间。

（4）作业过程中应保障进出通道通畅。

91. 作业人员在有限空间作业时应注意什么？

（1）无论在有限空间内进行清理、检修、设备安装等任何作业，作业人员均应遵守相应的作业操作规程，严禁"三违"作业。

（2）上下传递工具时，工具应使用安全绳索拴紧系牢，不得抛扔工具。

（3）作业人员应与监护人员进行有效的信息沟通。

（4）作业期间发生下列情况之一时，作业人员应立即中断作业，撤离有限空间：

1）作业人员出现身体不适。

2）安全防护设备或个体防护装备失效。

3）气体检测报警仪报警。

4）监护人员或作业负责人下达撤离命令。

5）其他可能危及作业人员生命安全的情况。

（5）当作业过程中发生上述（4）所描述的情况，或出现其他情况（如强制出离有限空间进行休息等），导致作业中断，若中断超过10 min，作业人员再次进入有限空间作业前，必须重新进行评估检测。

92. 如何进行有限空间作业后清理?

当完成有限空间作业后，监护人员要确保进入有限空间的作业人员全部退出作业场所，清点人数无误，物资、工具无遗漏后，方可关闭有限空间的盖板、人孔、洞口等出入口。作业前采取隔离措施的，应解除隔离。然后清理有限空间外部作业环境，上述环节完成后方可撤离现场。

93. 有限空间内实施涂装作业有哪些注意事项?

（1）涂装作业过程中应持续机械通风，消除或降低涂装材料挥发出的有毒有害、易燃易爆物质在有限空间内的积聚，防止发生人员中毒或燃爆事故。

（2）在有限空间内实施防水施工、涂刷防腐材料等涂装作业时，无论是否存在可燃性气体或粉尘，都严禁携带能产生烟气、明火、电火花的器具或火种进入有限空间，或使可燃物落入有限空间内。有限空间外部要配置相应的消防器材。

（3）在有限空间进行涂装作业时，应避免物品间的相互摩擦、撞击、剥离。

（4）涂装作业完毕后，剩余的涂料、溶剂等物料，必须全部清理出有限空间，并存放到指定的安全地点。

（5）涂装作业完毕后，必须继续通风并至少保持到涂层实干后方可停止。

94. 有限空间内实施动火作业有哪些注意事项?

（1）进行动火作业时，除要进行有限空间作业审批许可外，还要办理动火作业相关手续。

（2）动火作业前应清除有限空间内及出入口附近的易燃物品，配备消防器材。若可燃物无法清除或有限空间使用可燃物做防腐内衬时，应采取防火隔绝措施。

（3）动火作业区域周围可能泄漏可燃性物质的，应采取隔离措施。

（4）动火作业过程中，有限空间外一定距离内不得有可燃物释放。例如，动火作业期间距动火点 30 m 内不应排放可燃气体，15 m 内不应排放可燃液体，10 m 范围内及动火点下方不应同时进行可燃溶剂清洗或喷漆作业。

（5）在有限空间内或邻近处需进行涂装作业和动火作业时，一般先进行动火作业，后进行涂装作业，严禁同时进行两种作业。在涂覆涂装材料的工作面上进行动火作业时，必须保持足够通风，随时排除有害物质。

（6）进行有限空间的动火作业时，空气中可燃性气体浓度应低于爆炸下限的 1%。

（7）进行有限空间的动火作业时，应进行强制机械通风，确保作业现场通风良好。

（8）在有限空间内进行电焊、气焊（割）等作业时，作业人员更易受金属烟尘、有毒气体、高频电磁场、射线、电弧辐射和噪声等危害。因此，在保持良好通风的基础上，还应采取适当的个体防护措施，如佩戴供气式防尘呼吸防护用品、焊接面屏、护耳器等。

（9）作业采取轮换工作制，且场外必须设专人监护。监护人员应在作业前检查作业现场、作业设备、工具的安全性，确认气体浓度，尤其是可燃性气体浓度合格，并对作业全过程实施监护，遇紧急情况时，迅速发出呼救信号。

（10）作业完毕应清理现场，确认无残留火种，且用于气割、焊接作业的氧气管、乙炔管、割炬（割刀）及焊枪等物品由作业人员带出有限空间后，方可关闭出入口。

95. 有限空间内使用手持电动工具有哪些注意事项？

（1）一般场所（空气湿度小于75%）可选用Ⅰ类或Ⅱ类手持电动工具。金属外壳与PE线的连接点不应少于两处，漏电保护应符合潮湿场所对漏电保护的要求。

（2）在潮湿场所或金属构架上操作时，必须选用Ⅱ类手持电动工具或由安全隔离变压器供电的Ⅲ类手持电动工具。严禁使用Ⅰ类手持电动工具。使用金属外壳Ⅱ类手持电动工具时，其金属外壳可与PE线相连接并设漏电保护。

（3）狭窄场所（锅炉、金属容器、地沟、管道内等）作业时，必须选用由安全隔离变压器供电的Ⅲ类手持电动工具。

（4）除一般场所外，在潮湿场所、金属构架上及狭窄场所使用Ⅱ、Ⅲ类手持电动工具时，其开关箱和控制箱应设在作业场所以外，并有人监护。

（5）手持电动工具的负荷线应采用耐候型橡胶护套铜芯软电缆，并且不得有接线头。

96. 地下有限空间作业的特点是什么？

（1）地下有限空间情况复杂，危险的预料和判断难度较大。

（2）作业场所光线较暗、潮湿或气味难闻，作业环境较为恶劣。

（3）工作多是管线清淤、污水井清掏、化粪池清理等重体力劳动。

（4）由于多为简单重体力劳动，导致参与的作业人员多为农民工等，存在作业人员流动性大、受教育程度较低及对有限空间作业内的危险有害因素认识不足等缺点。

97. 污水管井有限空间作业管控要点有哪些？

（1）认真填写《有限空间作业审批表》，经批准后方可实施。

（2）作业前应查清作业区域内的管径、井深、水深及附近管道的情况。

（3）下井作业前，必须在井周围设置明显隔离区域，夜间应加设闪烁警示灯。若在城市交通主干道上作业占用一个车道时，应按相关要求在来车方向设置安全标志，并派专人指挥交通，夜间工作人员必须穿戴反光标志服装。

（4）作业前由现场负责人明确作业人员各自任务，并根据工作任务进行安全交底，交底内容应具有针对性。新参加工作的人员、实习人员和临时参加劳动的人员可随同参加工作，但不得分配单独作业的任务。

（5）对需作业人员进入管内进行检查、维护作业的管道，其管径不得小于 0.8 m，水流流速不得大于 0.5 m/s，水深不得大于 0.5 m，充满度不得大于50%。否则，作业人员应采取封堵、导流等措施降低作业面水位，符合条件后方可进入管道。一般采取盲板或充气管塞封堵。排水管道封堵时，应先封上游管口，采取水泵导流，再封下游管口，防止水流倒流，保障安全的作业环境；拆除封堵时，应先拆下游管堵，再拆上游管堵。使用盲板封堵时，要求盲板必须完好，不得有砂眼和裂缝，并且具有一定的强度，能承受排水管道内水流的压力。使用充气管塞封堵时，要求封堵前将放置管塞的管段清理干净，防止管段内突起的尖锐物体刺破或擦坏管塞，并且充气压力不得超过最大试验压力。

（6）下井前进行气体检测时，应先搅动作业井内的泥水，使气体充分释放出来，以测定井内气体的实际浓度。检测井下的空气含氧量。如气体检测报警仪出现报警，则需要延长通风时间，直至气体检测合格后方可下井作业。若因工作需要或紧急情况必须立即下井作业时，严格按照应急要求采取最高级别防护措施。

（7）作业过程中应采用自然通风或机械通风，自然通风时间至少 30 min 以上，机械通风应按管道内平均风速不小于 0.8 m/s 选择通风设备，作业过程中持续机械通风。

（8）对于污水管道、合流管道和化粪池等地下有限空间，作业人员进入时必须穿戴隔离式正压式呼吸防护用品，严禁使用过滤式防毒面具和半隔离式防毒面具。使用正压式空气呼吸器时，作业人员必须随时掌握呼吸器气压值，判断作业时间和行进距离，保证预留足够的空气返回；作业人员听到空气呼吸器的报警音后，应立即撤离。

（9）作业人员开始作业前必须穿戴好劳动防护用品，并检查所使用的仪器、工具是否正常。

（10）作业人员上、下井应使用安全可靠的专用爬梯。对于井内有预埋踏步的，下井前必须检查踏步是否牢固。当踏步腐蚀严重、损坏时，作业人员应使用安全梯或三脚架下井。下井作业期间，作业人员必须系好安全带、安全绳（或三脚架缆绳），安全绳（或三脚架缆绳）的另一端固定在井上。

（11）下井作业人员应使用防爆照明、通信设备，禁止携带非防爆照明、通信设备或打火机等火源。作业现场严禁吸烟，未经许可严禁动用明火。

（12）当作业人员进入管道内作业时，井室内应设置专人呼应和监护。作业人员进入管道内部时携带防爆通信设备，随时与监护人员保持沟通，若信号中断必须立即返回地面。

（13）作业过程中，必须有不少于两人在井上监护，并随时与井下作业人员保持联络。气体检测报警仪必须全程连续检测，一旦出现报警，作业人员应立即撤离。工作期间严禁擅离职守，严禁一人独自进入有限空间作业。

（14）上下传递作业工具和提升杂物时，应用绳索系牢，严禁抛扔，同时下方作业人员应避开绳索正下方，防止坠物伤人。

（15）井内水泵运行时，人员严禁下井，防止触电。

（16）作业人员每次进入井下连续作业时间不得超过 1 h。

（17）当发现潜在危险因素时，现场负责人必须立即停止作业，让作业人员迅速撤离现场。

（18）作业现场应配备必备的应急装备、器具，以便在紧急情况下抢救作业人员。

（19）发生事故时，严格执行相关应急预案，严禁盲目施救，防止事故扩大。

（20）作业完成后盖好井盖，清理好现场后方可离开。

98. 哪些人员一般不得从事井下作业？

对于运行的污水管井、化粪池等场所，其内一般会存在硫化氢、沼气等有毒有害物质，作业风险较高，对作业人员的危害较大，因此对作业人员身体条件要求更为严格。下列人员一般不得从事井下作业：

（1）年龄在 18 岁以下和 55 岁以上者。

（2）在经期、孕期、哺乳期的女性。

（3）有聋、哑、呆、傻等严重生理缺陷者。

（4）患有深度近视、癫痫、高血压、过敏性支气管炎、哮喘、心脏病等严重慢性病者。

（5）有外伤、疮口尚未愈合者。

99. 进入污水管井、化粪池作业前，单位应做好哪些工作?

（1）查清管径、水深、潮汐、积泥厚度等。

（2）查清附近工厂污水排放情况，做好截流工作。

（3）制定井下作业方案，尽量避免潜水作业。

（4）对作业人员进行安全交底，告知作业内容和安全防护措施及自救互救的方法。

（5）做好管道的排水、通风以及照明、通信等工作。

（6）检查下井专用设备是否配备齐全、安全有效。

100. 下井作业前后，开启和关闭井盖需要注意什么?

（1）开启与关闭井盖应使用专用工具，严禁直接用手操作。

（2）井盖开启后应放置稳固，井盖上严禁站人。

（3）开启压力井盖时，应采取相应的防爆措施。

101. 燃气有限空间作业有哪些注意事项?

燃气管道泄漏或误操作可能导致有限空间内积聚天然气，容易引发缺氧窒息和燃爆事故。因此，在燃气井、检查室、管沟内作业时要特别注意：

（1）在打开燃气井盖前应使用泵吸式气体检测报警仪通过井盖

孔或其他预留孔对有限空间进行检测。这一检测不同于开井后的全面评估检测，该检测关注的是容易积聚在井上部的可燃性气体浓度。若存在可燃性气体时，在打开井盖前应采取相应的防爆措施。

（2）进入燃气井、检查室、管沟作业必须使用防爆设备和工具，作业人员应穿着防静电服、防静电鞋等个人防护用品。

（3）作业负责人应根据作业现场情况，轮换作业人员进行作业或休息。

（4）在对管线进行检修时，应泄压作业，防止天然气泄漏。此外，应在上风侧井口设送风机，下风侧井口设排风机，加强内部气体循环，尽量保证在无危害的作业条件下实施作业。

102. 热力有限空间作业有哪些注意事项？

地下供热管线中流动有高温的水或蒸汽，热力井、检查室及管沟作为附属构筑物，内部多属于高温、高湿、自然通风不良的情况，作业环境十分恶劣。此外，在冬季（集中供暖季）时作业环境温度、湿度与外界环境温度、湿度存在非常大的差异，作业人员从热力管井完成作业后从有限空间回到地面的这一过程中，在两个相对极端的环境间进行无过渡性的变换，对作业人员的健康可能造成一定损害。例如，作业人员易患感冒、关节炎等疾病。

针对热力有限空间存在的危险有害因素，特别是高温高湿危害，北京市制定了地方标准《供热管线有限空间高温高湿作业安全技术规程》（DB11/1135—2014），从事地下热力管网作业时应特别注意以下情况。

（1）从事地下热力管网有限空间作业的人员不得有以下职业禁忌证：

1）未控制的高血压；

2）慢性肾炎；

3）未控制的甲状腺功能亢进症；

4）未控制的糖尿病；

5）全身瘢痕面积≥20％以上（工伤标准的八级）；

6）癫痫。

有上述职业禁忌证的人员进入热力检查室或热力管沟等有限空间作业，在面临同样的危险有害因素时，抗危害能力更弱，发生事故和职业伤害的风险性更高。

（2）若作业环境复杂，存有污水、废水及异常气味时，应委托具有检测能力的单位进行检测，并制定专项作业方案。

（3）当检查室室内存在积水，且水位深度超过集水坑或在未设集水坑的情况下大于 150 mm 时，应采取抽水操作。

（4）无论是作业前还是作业过程中，都应使用强制通风降低作业环境危害，对多次检测不合格的检查室应在井口内壁设置"缺氧危险""强制通风"的警示牌。

（5）热力管网内作业温度至少下降到 40 ℃以下，作业人员方可进入作业，在作业时间方面应符合：

1）在不同工作地点温度、不同劳动强度条件下允许持续接触热时间不宜超过表 2-3 的要求。

表 2-3　　　　　高温作业允许持续接触热时间限制

工作地点温度/℃	轻劳动/min	中等劳动/min	重劳动/min
>34	60	50	40
>36	50	40	30
>38	40	30	20

2）持续接触热后必须休息，时间不得少于 15 min，休息时应脱离高温作业环境。

3）凡高温作业工作地点空气湿度大于 75%，空气湿度每增加 10%，允许持续接触热时间相应降低一个档次，即采用高于工作地点温度 2 ℃ 的时间限值。

（6）对于管沟作业，单程长度不应大于 200 m，作业人员应穿戴防护头盔、防烫衣裤、防烫鞋和防烫手套，并应携带对讲机及照明设备等辅助工具进入作业，在管沟两端沟口处应派监护人员与作业人员保持联络。进入管沟时，作业人员之间应保持 5~10 m 间距，最先进入管沟内的作业人员应对温度和气体等环境因素进行实时检测。此外，对于管沟作业，由于作业距离长，一般的个体防护用品很难达到要求，因此建议尽量保证在无危害的作业条件下实施作业。

（7）进入检查室后，应远离井口下方，同时避开管道介质出口位置；开启放气阀门时，应取下丝堵，用引管连接，缓慢开启，作业人员面部应远离连接处；更换管道、阀门、补偿器、套筒补偿器密封材料等时，应将管道内水放净。

（8）在进行热水管道注水、降压、泄水作业以及蒸汽管道送汽、排汽作业时，要特别注意作业前、作业过程中管道内热水和蒸汽的压力变化，防止因压力的突然升高或降低导致热水、蒸汽溢（逸）出对作业人员造成伤害。

（9）冬季作业要准备必要的防寒服装。

103. 电力管井有限空间作业有哪些注意事项？

为防止在电力井、电力隧道等地下有限空间作业时发生窒息、触电、中毒等事故，作业时应注意以下事项。

（1）进入变电站、开闭站、配电室、管沟工作时，应事先与运行单位取得联系，不应随意开启与作业无关的设备。

（2）定期检查有限空间的百叶门窗、通风口、电力管沟路径上方通气亭等是否畅通，无杂物影响自然通风。对设有机械通风设备的，检查通风设备运行是否正常。

（3）在电缆井内工作时，禁止只打开一只井盖（单眼井除外）。

（4）在通风条件不良的电缆管沟内进行长距离巡视或维护时，工作人员除携带便携式气体检测报警仪外，还应随身携带隔绝式逃生呼吸器。

（5）进入通风不良的六氟化硫变配电装置室工作前，除氧气、可燃性气体、硫化氢和一氧化碳四种气体外，还应检测六氟化硫气体浓度是否合格。

（6）主控制室与使用六氟化硫作为绝缘气的配电装置室之间要采取气密性隔离措施。使用六氟化硫作为绝缘气的配电装置室与其下方电缆层、电缆隧道相通的孔洞都应封堵，配电装置室及下方电缆层隧道的门上应设置"注意通风"的标志。

（7）作业人员每次工作时间不宜过长，应由作业负责人视现场情况安排轮换作业或休息。

104. 通信、广电管井有限空间作业有哪些注意事项？

（1）有限空间内存有积水时，应使用绝缘性能良好的水泵先抽干后再作业，不得边抽水边进入有限空间。遇有不明积水的情况时，应采取措施后再实施作业。使用内燃机抽水时，设备应距离出入口1.5 m以上，并放在出入口的下风方向。

（2）严禁将易燃易爆物品带入有限空间，严禁在有限空间内吸烟或擅自动用明火。动火作业必须实行作业审批并加强监管。在有限空间作业时，使用的手持照明设备电压应不大于 24 V。

（3）上下人孔作业时必须使用梯子，放置牢固，严禁把梯子搭在孔内线缆上，严禁作业人员蹬踏线缆或线缆托架。进入人孔作业的人员必须正确佩戴全身式安全带、系好安全绳、戴好安全帽。在作业期间梯子不得撤走。在有限空间作业时，上面必须有人监护，并与作业人员保持通信畅通。

（4）严禁在人孔内预热、点燃喷灯。使用中的喷灯不可直接对人。作业环境应保持通风良好，并进行持续检测。

105. 密闭设备作业如何进行气体检测分析？

（1）安排检测分析人员对设备内的氧气、可燃性气体、危险有害气体的浓度进行检测、分析。

（2）取样分析要有代表性、全面性。设备容积较大时要对上、中、下各部位取样分析，应保证设备内部任何部位的危险有害气体的浓度和氧含量合格（空气中可燃性气体浓度低于其爆炸下限的 10% 为合格；对船舶的货油舱、燃油舱和滑油舱的检修、拆修，以及油箱、油罐的检修，空气中可燃性气体浓度低于其爆炸下限的 1% 为合格。氧含量 19.5%～23.5% 为合格）；危险有害物质不超过国家规定的卫生接触限值。作业设备内的温度应与环境一致。分析结果报出后，样品至少应保留 4 h。

（3）因条件所限而必须进入氧含量不合格、危险有害气体浓度超过国家卫生标准限值的设备内作业时，应制定、采取专门的安全措施，并报上级领导审批，由安全监督管理部门派人到现场监督检查。可燃性气体检测不合格时严禁盲目进行此类作业。

106. 密闭设备作业的控制要点有哪些?

（1）在进入设备作业前，严禁同时进行各类与该设备相关的试车、试压或试验工作及活动。将设备吹扫、置换合格，所有与其相连且可能存在危险有害物料的管线、阀门断开并加盲板隔离，不得以关闭阀门代替安装盲板，盲板处应挂标志牌。严禁堵塞通向有限空间外的出入口。

（2）必须将设备内残留的液体、固体沉积物及时清除处理，或采用其他适当介质进行清洗、置换，且保持足够的通风量，将危险有害气体排出有限空间，同时降温，直至达到安全作业环境要求。

（3）带有搅拌器等转动部件的设备，必须在停机后办理停电手续，切断电源、摘除保险或挂接地线，并在开关上挂"有人检修、禁止合闸"标志牌，必要时设专人监护。

（4）对盛装过能产生自聚物的设备，作业前必须进行置换，并做聚合物加热试验。

（5）设备必须牢固，防止侧翻、滚动及坠落。在设备制造时，因工艺要求有限空间必须转动时，应限制最高转速。

107. 密闭设备作业电气和照明安全有哪些注意事项?

（1）进入设备内作业应使用安全电压和安全灯具。进入金属容器（炉、塔、釜、罐等）和特别潮湿、工作场地狭窄的非金属容器内作业，照明电压不大于 12 V；当需使用电动工具或照明电压大于 12 V 时，应按照规定安装漏电保护器，灯具或工具与电线的连接应采用安全可靠且绝缘的重型移动式通用橡胶套电缆线，露出的金属部分必须完好连接地线，其接线箱（板）严禁带入容器内使用。

（2）作业环境原来用于盛装爆炸性液体、气体等介质的，应使用防爆电筒或电压不大于 12 V 的防爆安全灯具，灯具变压器不应放在容器内或容器上；作业人员应穿戴防静电工作服，使用防爆工具，严禁携带手机等非防爆通信工具和其他非防爆器材。

（3）对于引入设备内的照明线路必须悬吊架设固定，以避开作业空间；照明灯具不许用电线悬吊，照明线路应无接头。

108. 密闭设备作业需要哪些安全防护？

（1）在设备内高处作业时，必须设置脚手架，并固定牢固；作业人员必须佩戴安全带和安全帽。

（2）根据作业环境、作业状况、存在的危险有害因素和危害程度，应按《个体防护装备配备规范 第1部分：总则》（GB 39800.1—2020）规定，分别采用头部、眼面、皮肤及呼吸系统的有效防护用具。在特殊情况下（如油罐清罐、氮气状态下），作业人员应戴长管呼吸器或正压式呼吸器。使用送风式长管呼吸器时，送风设备必须安排专人监护。

109. 密闭设备作业需要做哪些应急救援准备工作？

（1）设备外敞面周围应有便于采取急救措施的通道和消防通道，通道较深的设备必须设置有效的联络方式。

（2）根据需要制定事故应急预案，内容包括作业人员在紧急状况时的逃生路线和救护方法，监护人员与作业人员约定的联络信号，现场应配备的救生设施和灭火器材等。现场人员应熟知应急预案内容，在作业现场配备数量符合规定的应急救护器具（包括正压式呼吸器、长管呼吸器、救生绳等）和灭火器材。出入口内外不得有障碍物，保证其畅通无阻，便于人员出入和抢救疏散。

（3）出现作业人员中毒、窒息等紧急情况时，抢救人员必须佩戴隔离式防护装备进入设备，并至少有 1 人在外部做联络工作。

110. 密闭设备涂装作业有哪些注意事项？

在密闭设备的各类作业中，涂装作业的危险性很大，因此在作业中应特别注意以下几个方面。

（1）涂装作业时，设备外敞面应设置警戒区、警戒线、警戒标志，未经许可不得入内。

（2）涂装作业时，不论是否存在可燃性气体或粉尘，都严禁携带能产生烟气、明火、电火花的器具或火种进入设备内，严禁将火种或可燃物落入设备内。

（3）配备灭火器材，专职安全员应定期检查，以保证其处于有效状态；专职安全员或消防员应在警戒区定时巡回检查，监护作业过程。

（4）涂装作业时，设备外必须有人监护，遇有紧急情况，应立即发出呼救信号。

（5）在仅有顶部出入口的设备内进行涂装作业的人员，除应佩戴个人防护用品外，还必须腰系救生索，以便在必要时由外部监护人员拉出设备。

（6）涂装作业时，应避免各物体间的相互摩擦、撞击、剥离，在喷漆场所不准脱衣服、帽子、手套和鞋等。

（7）涂装作业完毕后，必须将剩余的涂料、溶剂等全部清理出设备，并存放到指定的安全地点。

（8）涂装作业完毕后，必须继续通风并至少保持到涂层实干后方可停止。在停止通风后，至少每隔 1 h 检测可燃性气体的浓度，直到符合规定方可撤除警戒区。

111. 密闭设备动火作业有哪些注意事项？

（1）动火作业时，除要办理《有限空间作业审批表》外，还要办理《动火作业审批表》。

（2）作业采取轮换工作制，设备外必须有人监护，遇有紧急情况应立即发出呼救信号。

（3）在仅有顶部出入口的密闭设备进行热工作业的人员，除应佩戴个人防护用品外，还必须腰系救生索，以便在必要时由外部监护人员拉出设备。

（4）所有管道和容器内部不允许残留可燃物质，可燃性气体的浓度符合规定方可作业。

（5）在设备内或邻近处需进行涂装作业和动火作业时，一般先进行动火作业，后进行涂装作业，严禁同时进行两种作业。

（6）带进设备内用于气割、焊接作业的氧气管、乙炔管、割炬（割刀）及焊炬等物品必须随作业人员的离开而被带出，不允许留在设备内。

（7）在已涂覆底漆（含车间底漆）的工作面上进行动火作业时，必须保持足够通风，随时排除有害物质。

第三部分 有限空间作业事故应急救援

112. 为应对有限空间作业过程的突发事件，应做好哪些准备？

为应对有限空间作业过程的突发事件，作业队伍在实施作业前应分析作业过程中可能发生的事故类型、可能造成的后果，以及发生事故后可采取的救援措施，做好相关应急救援人员、设备设施的准备。

（1）应急救援人员的准备。作业队伍实施作业前，现场负责人应明确人员分工，确保一旦发生事故，相应的事故报告、求援、现场控制等应急处置工作责任落实到人。承担相应应急处置工作的人员应当经过有限空间作业事故应急救援训练，了解事故报告和求援的渠道，熟悉应急救援预案的内容，掌握应急处置措施，并能够熟练操作应急救援相关设备设施。

（2）应急救援设备设施的准备。

1）应急救援设备设施的配备。只有一个有限空间作业点时，应在作业点配置 1 套应急救援设备设施；若有多个作业点同时作业，有限空间作业点 400 m 范围内应当配备 1 套应急救援设备设施。若作业现场为有限空间作业配置的安全防护设备设施符合应急救援的要求，也可作为应急救援设备设施使用。

2）应急救援设备设施的管理。应急救援设备设施应随时处于完好状态，确保发生紧急情况时可立即投入使用。应急救援设备设施使用后应立即检查其使用情况，及时补充损耗材料，一旦发现器材损坏，不能满足安全要求的情况，应立即维修或更换。应急救援设备设施的技术数据、说明书、维修记录、计量检定报告等资料应妥善保存，并便于查阅。

113. 地下有限空间作业事故应急救援应配备哪些设备设施？

针对地下有限空间作业事故应急救援，配备的每套设备设施种类和数量应至少满足以下要求：

（1）应配备 1 套围挡设施。

（2）应配备 1 台泵吸式气体检测报警仪。

（3）应配备 1 台强制送风设备。

（4）每名救援人员应配备 1 套正压式空气呼吸器或高压送风式呼吸器。

（5）有限空间出入口应配备 1 套三脚架（含绞盘），宜配备 1 台速差器。

（6）每名救援人员应配备 1 套全身式安全带、1 套安全绳。

（7）每名救援人员应配备 1 顶安全帽。

（8）每名救援人员应配备 1 台照明灯具、1 台对讲机。

114. 有限空间事故应急救援有哪几种方式？

有限空间事故应急救援可分为自救、非进入式救援和进入式救援三种救援方式。

（1）自救。三种救援方式中，自救是最佳的选择。在有限空间内的作业人员对周围环境和自身状况的感知最为直接和迅速，在呼吸防护用品出现问题、气体环境发生变化等紧急情况发生时，通过自救方式撤离有限空间比等待其他人员的救援更快速、更有效。同时自救的方式不需要救援人员进入，从而可以避免救援人员伤亡，防止事故扩大。

（2）非进入式救援。当条件具备时，救援人员在有限空间外，借助相关的设备与器材，安全快速地将有限空间内发生意外的人员拉出有限空间。这种方式由于救援人员不用进入有限空间，可防止人员伤亡的扩大。

（3）进入式救援。进入式救援需要救援人员进入有限空间才能实施救援。这种救援方式通常用于有限空间内发生意外的人员未佩戴安全带，也无安全绳与有限空间外部挂点连接，或者发生意外的人员所处位置无法实施非进入式救援。由于救援人员需要进入到发生紧急情况的有限空间，直接暴露于危害较大的事故环境中，因此，进入式救援是一种风险较大的救援方式，容易导致人员伤亡的扩大。

无论采取哪种方式实施救援，发生紧急情况后，均应立即拨打119和120，以尽快得到消防队员和急救专业人员的救助。此外，还应迅速采取通风、隔离等技术措施，尽力降低事故环境危害程度，为救援工作安全顺利进行提供保障。

115. 发生有限空间事故，实施非进入式救援要满足什么条件？

非进入式救援是一种安全的应急救援方式，但只有同时满足以下条件，才能实施非进入式救援。

（1）有限空间内发生意外的人员身上佩戴了全身式安全带，且通过安全绳与有限空间外的某一挂点可靠连接。

（2）发生意外的人员所处位置与有限空间进出口之间畅通、无障碍物阻挡。

116. 发生有限空间事故，实施进入式救援有什么要求？

（1）要求救援人员能够得到足够的防护，确保救援人员的安全。

（2）救援人员应经过专业防护器具和救援技巧的培训，能够熟练使用防护用品和救援工具。

（3）由于事故环境危险、时间紧迫，救援工作容易发生错误和疏漏，因此要求现场救援人员必须具备沉着冷静的处置能力。

（4）若救援人员未得到足够防护，不能保障自身安全，不得进入有限空间实施救援。

117. 现场急救的基本原则是什么？

现场急救的基本原则是"先救命后治伤"。事故发生后，应首先考虑挽救受伤害人员的生命。受伤害的人员脱离有限空间后，救援人员在呼救的同时，应尽快采取一些正确、有效的救护方法对伤者进行急救，为挽救生命、减少伤残争取时间。但要注意，伤者必须转移到安全、空气新鲜处后才能进行现场急救，以保障伤者和救援人员的安全。

118. 实施心肺复苏的操作步骤是什么？

（1）判断。轻拍受伤人员的双肩，并高声呼喊，判断受伤人员是否还有意识。施救人员在检查受伤人员的反应时，应同时快速检查呼吸，如果没有或不能正常呼吸（即无呼吸或仅仅是喘息），则施救人员应怀疑发生心脏骤停。心脏骤停后早期濒死喘息经常会与正常呼吸混淆，即使是受过培训的施救人员单独检查脉搏也常不可靠，而且需要额外的时间。因此，假如受伤人员无反应、没有呼吸或呼吸不正常，施救人员应立即实施心肺复苏。

（2）高声呼救，寻求帮助。及时拨打医疗急救电话，寻求专业救护人员的救助。打电话求救时应说清所在位置、呼救人员的电话、事件简要情况、受伤人数、伤员情况、正在进行的急救措施等。若现场能够获取自动体外除颤仪（AED），应尽快获取并使用。在他人前往获取 AED 和准备 AED 的过程中，应对受伤人员实施心肺复苏，并根据救护情况，在设备可用后尽快除颤。

（3）将受伤人员翻成仰卧姿势，放在坚硬的平面上，如图 3-1 所示。

图 3-1　将伤员翻成仰卧位

（4）胸外心脏按压。

1）按压部位：胸部正中，两乳连接水平处。

2）按压方法。

①施救人员用一手中指沿受伤人员一侧肋弓向上滑行至两侧肋弓

交界处，食指、中指并拢排列，另一手掌根紧贴食指置于受伤人员胸部，如图3-2所示。

②施救人员双手掌根同向重叠，食指相扣，掌心翘起，手指离开胸腔，双臂伸直，上半身前倾，以膝关节为支点，垂直向下、用力、有节奏地按压30次，如图3-3所示。

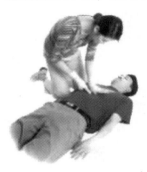 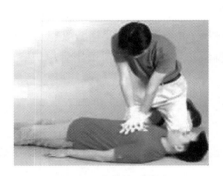

　　图3-2　胸外按压位置判断　　　　图3-3　胸外按压方法

③按压与放松的时间相等，下压深度至少5 cm，但不要超过6 cm。放松时保证胸壁完全回弹，按压频率以每分钟100~120次为宜。同时胸外按压应最大限度地减少中断。

（5）清除口中异物，打开气道。一般用仰头举颌法打开气道，使下颌角与耳连线垂直于地面90°；怀疑有外伤时，可采用托颌法，如图3-4所示。

（6）口对口人工呼吸。建议使用呼吸球对受伤人员进行人工呼吸，如情况紧急不具备条件，可选择使用口对口人工呼吸。施救人员将一只手的拇指、食指捏紧伤员的鼻翼，吸一口气，用双唇包严受伤人员口唇，缓慢持续将气体吹入，如图3-5所示。吹气时间为1 s以上。观察受伤人员胸廓有无起伏，吹气量500~600 mL，避免大气量和用强力，吹气频率10~12次/min。

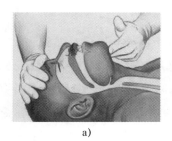
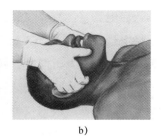

a)　　　　　　　　　　　　b)

图 3-4　打开气道

a) 仰头举颌法　b) 托颌法

图 3-5　人工呼吸

注意，按压与通气之比为 30∶2，做 5 个循环后可以观察一下受伤人员的呼吸和脉搏。在受伤人员被专业救护人员接管前，施救人员应持续实施心肺复苏。

119. 如何使用自动体外除颤仪（AED）？

自动体外除颤仪是一种便携式医疗设备，它可以诊断特定的心律失常，并且给予电击除颤，是可被非专业人员使用的用于抢救心源性猝死患者的医疗设备。

AED 的使用方法如下：

（1）开启电源。

（2）将电极片贴在受伤人员身上，插入电极片插头。

注意，应使受伤人员仰卧，解开衣物，完全暴露受伤人员的前胸部，擦去胸部表面的水，除去或移除胸前所有可移除的金属物体，如表链、徽章、饰物等。根据仪器上的示意图，将电极片贴在受伤人员的右上胸和左下胸处，如图 3-6 所示。电极正确连接后，AED 可自动分析心律，在此过程中不要触碰受伤人员。分析完毕后，AED 将发出是否进行除颤的建议。需进行除颤的，仪器提示开始充电。

图 3-6　电极片位置

（3）除颤。当 AED 发出除颤指令时，操作者和附近人群切勿与受伤人员接触。操作者按下"放电"或"除颤"按钮，进行除颤。

注意，AED 未到达现场和准备期间、AED 充电期间，应对受伤人员持续实施心肺复苏；除颤后应立即进行心肺复苏。受伤人员恢复呼吸和心跳后，不应取下电极片，直至医护人员到达现场接管受伤人员。

120. 实施心肺复苏有效的表现是什么？

（1）受伤人员面色、口唇由苍白、青紫变红润。

（2）受伤人员恢复自主呼吸及脉搏搏动。

（3）受伤人员眼球活动，手足抽动，呻吟。

121. 心肺复苏成功后如何将其翻转为复原（侧卧）位？

（1）施救人员位于受伤人员一侧，将靠近自身的受伤人员的手臂肘关节屈曲成90°，置于头部侧方。另一手肘部弯曲置于胸前，如图3-7所示。

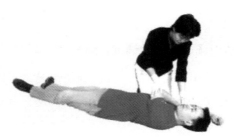

图 3-7　准备翻转

（2）将受伤人员远离施救人员一侧的下肢屈曲，施救人员一手抓住受伤人员膝部，另一手扶住受伤人员肩部，轻轻将受伤人员翻转成侧卧姿势，如图3-8所示。

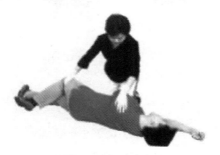

图 3-8　翻转成侧卧姿势

（3）施救人员将受伤人员置于胸前的手掌心向下，放在面颊下方，将气道轻轻打开，如图3-9所示。

图 3-9 翻转后

122. 作业现场遇到出血情况，有哪些止血方法？

现场止血方法常用的有四种，根据创伤情况，可以采用一种，也可以将几种止血方法结合一起采用，以达到快速、有效、安全的止血目的。

（1）指压止血法。指压止血法可分为两种，如图 3-10 所示。

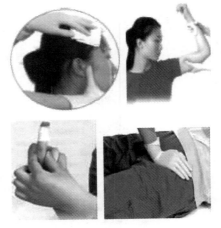

图 3-10 指压止血法

1）直接压迫止血：用清洁的敷料盖在出血部位上，直接压迫止血。

2）间接压迫止血：用手指压迫伤口近心端的动脉，阻断动脉血流，能有效达到快速止血的目的。

（2）加压包扎止血法。用敷料或其他洁净的毛巾、手绢、三角巾等覆盖伤口，加压包扎达到止血的目的，如图 3-11 所示。

图 3-11　加压包扎止血法

（3）填塞止血法。用消毒纱布、敷料（如果没有，用干净的布料替代）填塞在伤口内，如图 3-12 所示，再用加压包扎止血法包扎。

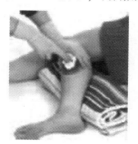

图 3-12　填塞止血法

注意，只能填塞四肢的伤口。

（4）止血带止血法。上止血带的部位在上臂上 1/3 处（见图 3-13）、大腿中上段，操作时要注意使用的材料、止血带的松紧程度、标记时间等问题。

注意，施救人员如遇到大出血的受伤人员，一定要立即寻找防护用品，做好自我保护。迅速用较软的棉质衣物等直接用力压住受伤人员的出血部位，然后拨打医疗急救电话。

图 3-13　止血带止血法

123. 现场创伤救护的包扎技术都适用于包扎什么部位?

快速、准确地将伤口用自粘贴、尼龙网套、纱布、绷带、三角巾或其他现场可以利用的布料等包扎，是外伤救护的重要环节。它可以起到快速止血、保护伤口、防止污染、减轻疼痛的作用，有利于受伤人员转运和进一步治疗。

（1）绷带包扎。

1）手部"8"字包扎，如图 3-14 所示，同样适用于肩、肘、膝关节、踝关节的包扎。

2）螺旋包扎，如图 3-15 所示，适用于四肢部位的包扎，对于前臂及小腿，由于肢体上下粗细不等，采用螺旋反折包扎，效果会更好。

图 3-14　"8"字包扎

图 3-15　螺旋包扎

（2）三角巾包扎。

1）头顶帽式包扎，如图 3-16 所示，适用于头部外伤的伤员。

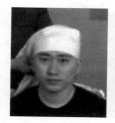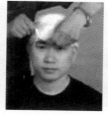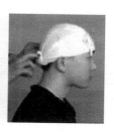

图 3-16　头顶帽式包扎

2）肩部包扎，如图 3-17 所示，适用于肩部有外伤的伤员。

3）胸背部包扎，如图 3-18 所示，适用于前胸或后背有外伤的伤员。

图 3-17　肩部包扎　　　　图 3-18　胸背部包扎

4）腹部包扎，如图 3-19 所示，适用于腹部有外伤的伤员。

5）手（足）部包扎，如图 3-20 所示，适用于手或足有外伤的伤员，包扎时一定要将指（趾）分开。

6）膝关节包扎，如图 3-21 所示，同样适用于肘关节的包扎，比绷带包扎更省时，包扎面积大且牢固。

图 3-19　腹部包扎

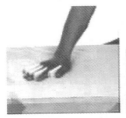

图 3-20　手部包扎

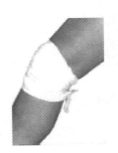

图 3-21　膝关节包扎

　　注意，在事发现场，施救人员遇到有人受伤时，应尽快选择合适的材料对受伤人员进行简单包扎，然后拨打医疗急救电话。

124. 作业人员受特殊伤如何处理?

（1）颅脑伤。颅脑损伤脑组织膨出时，可用保鲜膜、软质的敷料盖住伤口，再用干净碗扣住脑组织，然后包扎固定，使受伤人员处仰卧位，头偏向一侧，保持气道通畅。

（2）开放性气胸。应立即封闭伤口，防止空气继续进入胸腔，用不透气的保鲜膜、塑料袋等敷料盖住伤口，再垫上纱布包扎，使受伤人员处半卧位。

（3）异物插入。无论异物插入眼球还是插入身体其他部位，严禁将异物拔除，应将异物固定好，再进行包扎。

注意，对于特殊伤的处理，施救人员一定要掌握好救护原则，不增加受伤人员的损伤及痛苦，严密观察受伤人员的生命体征（意识、呼吸、心跳），采取现场急救措施后迅速拨打医疗急救电话。

99

125. 作业人员发生骨折如何进行固定?

骨折固定可防止骨折端移动，减轻受伤人员的痛苦，也可以有效防止骨折端损伤血管、神经。

尽量减少对受伤人员的搬动，迅速对骨折位进行固定，尽快拨打医疗急救电话，以使专业救护人员在最短时间内赶到现场处理。

骨折现场固定法步骤如下：

（1）前臂骨折固定，利用夹板或身边可取到的方便器材固定，如图 3-22 所示。

（2）小腿骨折固定，小腿骨折可利用健肢进行固定，如图 3-23 所示。

图 3-22　前臂骨折固定

图 3-23　小腿骨折固定

（3）骨盆骨折固定，如图 3-24 所示。

图 3-24　骨盆骨折固定

126. 作业人员受伤后，如何搬运伤员？

经现场必要的止血、包扎和固定后，方能搬运和护送受伤人员，按照伤情严重者优先，中等伤情者次之，轻伤者最后的原则搬运。

搬运伤员可根据伤病员的情况，因地制宜，选用不同的搬运工具和方法。可选用单人搬运、双人搬运及制作简易担架搬运，担架可选用椅子、门板、毯子、衣服、大衣、绳子、竹竿、梯子等替代。对怀疑有脊柱骨折的伤病员必须采用"圆木"原则进行搬运，使脊柱保持中立，如图 3-25 所示。在搬运过程中，要随时观察受伤人员的表情，监测其生命体征，遇有伤病情恶化的情况，应立即停止搬运，就地救治。

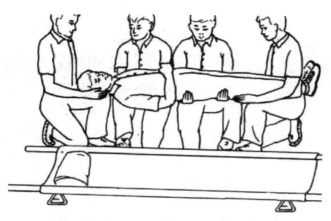

图 3-25　"圆木"原则搬运

第四部分

有限空间作业安全设备及劳动防护用品

127. 有限空间作业常用的气体检测仪器有哪些?

针对有限空间的特点及安全作业要求,一般采用现场气体快速检测方法。常用的气体检测仪器主要有三种,即固定式、移动式和便携式气体检测报警仪。

128. 便携式气体检测报警仪由哪几部分组成?

便携式气体检测报警仪一般由外壳、电源、气体传感器、电子线路、显示屏、报警显示器、计算机接口、必要的附件和配件等组成。

(1) 外壳。便携式气体检测报警仪的外壳除了保证安全防爆、防火和防水等基本要求外,还要求防止跌落、碰撞等物理因素对仪器的损坏。

(2) 电源。目前大部分便携式气体检测报警仪既可以使用充电电池,也可以使用碱性电池对仪器进行供电。各类锂电池,特别是充电式锂电池已经是各类便携式气体检测报警仪的首选电源,它具有供电时间长、寿命长、多次充电等特点。但对于电化学型传感器,由于其耗电量极低,选用干电池更为合适。

(3) 气体传感器。气体传感器是便携式气体检测报警仪的核心部件，决定一台仪器性能的好坏。它是一种将被测的物理量或化学量转换成与之有确定对应关系的电量输出的装置。目前，市场上普遍使用的传感器包括半导体型、催化燃烧型、电化学型、离子化检测型、热导型、红外线吸收型和顺磁型等。

（4）电子线路。电子线路位于仪器内部，关系到仪器的性能和功能的优劣。

（5）显示屏。显示屏通常会显示电量、各传感器状态、检测的物质、检测结果以及仪器的故障情况等信息，是了解仪器是否能够正常使用和显示有毒有害气体浓度的直接窗口。

（6）报警显示器。当检测到气体浓度超过预设报警值时，便携式气体检测报警仪会发出声光警示信号。

（7）计算机接口。一些便携式气体检测报警仪设置有计算机接口，可利用该接口将检测到的数据传输到计算机进行存储、分析和共享。

（8）必要的附件和配件。包括充电电池的充电器、保护皮套、携带夹、过滤器等。

129. 便携式气体检测报警仪的工作原理是什么？

便携式气体检测报警仪能连续实时地显示被测气体的浓度，达到预设报警值时可实时报警，主要用于检测有限空间中的氧、可燃性气体、硫化氢、一氧化碳等气体的浓度。

便携式气体检测报警仪的工作原理是被测气体以扩散或泵吸的方式进入检测报警仪内，与传感器接触后发生物理、化学反应，并将产生的电压、电流、温度等信号转换成与被测气体浓度有确定对应关系的电量输出，经放大、转换、处理后，在显示屏上以数字形式显示所测气体的浓度。当浓度达到预设报警值时，仪器自动发出声光报警。

图 4-1 为便携式气体检测报警仪工作原理示意图。

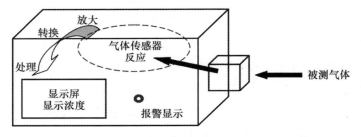

图 4-1　便携式气体检测报警仪工作原理示意图

130. 便携式气体检测报警仪有哪些类型?

（1）按检测对象分类。

1）可燃性气体检测报警仪：一般采用催化燃烧式、红外式、热导型、半导体式传感器。

2）有毒气体检测报警仪：一般采用电化学型、半导体式、光离子化式、火焰离子化式传感器。

3）氧气检测报警仪：一般采用电化学型传感器。

（2）按配置传感器的数量分类。

1）单一式气体检测报警仪：仪器上仅仅安装一个气体传感器，仅检测某种特定的气体，如甲烷（可燃性气体）检测报警仪、硫化氢检测报警仪等。

2）复合式气体检测报警仪：将多种气体传感器安装在一台检测仪器上，可对多种气体同时检测。

（3）按采样方式分类。

1）扩散式气体检测报警仪：通过气体的自然扩散，使气体成分到达检测仪器上的传感器而达到检测目的。

2）泵吸式气体检测报警仪：通过使用一体化吸气泵或者外置吸气泵，将待测气体吸入检测仪器中进行检测。

131. 便携式气体检测报警仪的选用原则是什么？

（1）单一式与复合式。

1）单一式气体检测报警仪。单一式气体检测报警仪仅安装一个气体传感器，只能检测某一种气体。如可燃性气体检测报警仪、氧气检测报警仪、一氧化碳检测报警仪、硫化氢检测报警仪、氯气检测报警仪、氨气检测报警仪等。

其适用于有毒有害气体种类相对单一的环境。如果在复杂环境中使用，那么这类仪器往往与其他单一式气体检测报警仪或二合一、三合一等复合式气体检测报警仪配合使用，作为复合式气体检测设备的一种有效补充。如硫化氢检测报警仪与氧气/可燃性气体检测报警仪配合使用对污水井进行检测。

2）复合式气体检测报警仪。复合式气体检测报警仪在一台仪器中集成有多个传感器，实现了"一机多测""同时读取多种被测气体浓度（含量）"的功能。

其适用于含有两种及以上有毒有害气体的复杂环境的检测，因此广泛应用于水、电、气、热、通信等涉及城市运行维护行业的有限空间的气体检测。如安装有电化学型传感器、红外式传感器、催化燃烧式传感器的五合一气体检测报警仪，可检测硫化氢、一氧化碳、氧气、二氧化碳、甲烷，可基本满足对污水井、化粪池、电力井、燃气井、使用氮气净化过的储罐等有限空间作业场所的检测工作。此外，复合式气体检测报警仪的传感器可根据用户的实际需要进行选配，选择可检测常见有毒有害气体的传感器，以提高利用率。

（2）泵吸式与扩散式。

1）泵吸式气体检测报警仪。泵吸式气体检测报警仪是在仪器内安装或外置采气泵，通过采气导管将远距离的气体"吸入"检测仪器中进行检测，其优点是能够使检测人员在有限空间外进行检测，最大限度地保证其生命安全。在进入有限空间前的气体检测以及在作业过程中需要进入新作业场所前的气体检测，均应使用泵吸式气体检测报警仪。

使用泵吸式气体检测报警仪要注意三点：一是为将有限空间内部的气体抽至仪器内，采样泵的抽力必须足以满足仪器对流量的需求；二是为保证检测结果准确有效，要为气体采集留有充分的时间；三是在实际使用中要考虑到随着采气导管长度的增加，部分被测气体可能被采样管吸附或吸收，造成测得的浓度低于实际水平。

2）扩散式气体检测报警仪。扩散式气体检测报警仪主要依靠空气自然扩散将气体样品带入检测报警仪中与传感器接触发生反应。其优点是将气体样本直接引入传感器，能够真实反映环境中气体的自然存在状态，缺点是检测的范围很小，无法进行远距离采样。通常情况下，采用扩散方式进行测量的仪器的检测范围仅局限于一个很小的区域，也就是在靠近检测仪器的地方。因此，此类检测报警仪适合作业人员随身携带进入有限空间，在作业过程中实时检测作业周边的气体环境。

在实际应用中，这两类气体检测报警仪往往相互配合同时使用，以最大限度地保证作业人员的生命安全。

132. 便携式气体检测报警仪如何操作？

便携式气体检测报警仪的操作过程包括以下几个环节。

（1）使用前检查。气体检测报警仪在被带到现场进行检测前，应对其进行必要的检查。

1）外观检查。检查仪器的外观是否完好无破损，包括防爆外壳、显示屏、按键、进气口等。

2）开机自检。打开仪器。绝大多数仪器开机后要经过一个"自检"的过程，以保证仪器进入"准备好"状态。

3）检查仪器的电量是否充足。目前很多仪器在自检的过程中会自动对电量进行检查，有些仪器在电量不足时还会作出提示。若电量不满足使用需要，应及时充电或更换电池。在更换电池时应注意，不能在易燃易爆环境中进行更换，防止因摩擦产生静电火花，从而引发燃爆事故。

4）校准。为确保仪器工作的稳定性和数据测量的准确性，在使用前要对仪器进行校准。在办公室或远离作业环境等"洁净"空气中开机，进行"调零"。"洁净"空气要求为气体环境中无有毒有害、易燃易爆气体，空气中的氧含量为 20.9%。如果空气环境无法达到要求，可以选择使用空气过滤器或标准空气瓶进行"调零"。除了"调零"外，在使用前还应用已知浓度的标准气体对气体检测报警仪进行测试，如果气体检测报警仪显示浓度与标准气体浓度相同，读数在最小分辨率上下波动，说明仪器运行稳定，可以正常使用。如果经过测试确认仪器灵敏度下降，仪器就要重新检定。

为保证仪器的测量精度，仪器在使用过程中还应定期检定，检定周期视产品和使用环境而定。使用已知浓度的标准气体对仪器进行检定，调节仪器使得到的稳定读数与标准气体的浓度相同，然后移开标准气体，仪器显示值恢复到"零"，即完成了检定工作。

当气体检测报警仪更换检测传感器后，除了需要一定的传感器活化时间外，还必须对仪器进行重新校准。在各类气体检测报警仪使用前，一定要用标准气体对仪器进行一次检测，以保证仪器准确有效。每种气体检测报警仪的产品说明书中都详细地介绍了校正的操作步骤，使用者应认真阅读，严格按照产品说明书进行操作。

5）采气导管和泵系统的检查。对于泵吸式气体检测报警仪，使用前还要对采气系统进行检查。第一，应检查采气导管，确保采气导管完好，没有被刺穿、割裂的现象，防止检测结果受到影响。第二，应检查机械泵的功能，很多加装机械泵的气体检测报警仪都有泵流量异常报警功能。检查时，可堵住入口，如果没有气体泄漏，仪器会发出低流速警报。

（2）现场检测。现场检测所使用的气体检测报警仪必须合格有效。使用泵吸式气体检测报警仪，将采气导管的一端与仪器进气口相连，另一端投入有限空间内，使气体通过采气导管进入仪器中进行检测。使用扩散式气体检测报警仪，待测气体直接通过自然扩散方式进入仪器中进行检测，待测气体与传感器接触发生相应的反应，产生电信号，并被转换成为数字信号显示，检测人员读取数值并进行记录。当气体浓度超过预设报警值时，蜂鸣器会同时发出声光报警信号。有限空间外检测人员应及时读取检测结果数据并进行记录。

（3）关机。检测结束后，关闭仪器。需要提醒的是，可燃性气体检测报警仪在关闭前要保证检测仪器内的气体全部参加反应，读数重新显示为设定的初始数值，才可关闭，否则会对下次使用产生影响。

目前市场上的气体检测报警仪种类繁多，在使用前要仔细阅读产品说明书，掌握仪器的技术指标、操作规程、设置方法、维护保养常识等内容，熟练操作仪器。

133. 便携式气体检测报警仪如何进行维护与保养?

（1）定期检定。根据《市场监督总局关于发布实施强制管理的计量器具目录的公告》（2019 年第 48 号），有毒有害、易燃易爆气体检测报警仪不再属于强制检定的仪器，使用者可自行选择非强制检定或校准的方式，保证量值准确。根据《中华人民共和国计量法》第九条规定，未列入强制检定目录的工作计量器具，使用单位应当自行定期检定或者送其他计量检定机构检定。因此，使用单位可根据传感器的使用情况定期检定，以确保仪器的正常使用，对仪器的检测数据有怀疑、仪器更换了主要部件及修理后应及时送检。

（2）在气体检测报警仪的浓度检测范围内使用。各类有毒有害气体的检测报警仪都有其固定的检测范围，这也是传感器测量的线性范围。只有在其测定范围内完成检测，才能保证检测结果可靠。表 4-1 是常见气体传感器的检测范围、分辨率、最高承受限度。

表 4-1　常见气体传感器的检测范围、分辨率、最高承受限度

传感器	检测范围/ppm	分辨率	最高承受限度/ppm
一氧化碳	0~500	1	1 500
硫化氢	0~100	1	500
二氧化硫	0~20	0.1	150
一氧化氮	0~250	1	1 000
氨气	0~50	1	200
氰化氢	0~100	1	100
氯气	0~10	0.1	30
VOC	0~5 000	0.1	无限制

检测时，若待测气体浓度超出气体检测报警仪测量范围，应立即使气体检测报警仪脱离检测环境，在洁净空气中待气体检测报警仪指

示回零后，方可进行下一次检测。在线性范围之外的检测，其准确度是无法保证的。而若长时间在测定范围以外进行检测，还可能对传感器造成永久性的破坏。可燃性气体检测报警仪，如果不慎在超过可燃性气体爆炸下限100%的环境中使用，就有可能彻底烧毁传感器；有毒气体检测报警仪若长时间工作在较高的浓度下，也会造成电解液饱和，从而造成永久性损坏。所以，一旦便携式气体检测报警仪在使用时发出超限信号（气体检测报警仪测得气体浓度超过仪器本身最大测量限度发出的报警信号），要立即离开现场，以保证人员的安全。

（3）在气体检测报警仪传感器的寿命内使用。各类气体传感器都具有一定的使用年限，即寿命。一般来讲，催化燃烧式可燃性气体传感器的寿命较长，一般可以使用3年左右；红外和光离子化检测仪传感器的寿命为3年或更长一些；电化学特定气体传感器的寿命相对短一些，一般为1~2年；氧气传感器的寿命最短，在1年左右（电化学型传感器的寿命取决于其中电解液的干涸，所以如果长时间不用，将其放在较低温度的环境中可以延长一定的使用寿命）。气体检测报警仪必须在传感器的有效期内使用，一旦失效，要及时更换。

（4）清洗。必要时使用柔软且干净的布擦拭仪器外壳，切勿使用溶剂或清洁剂进行清洗。

134. 便携式气体检测报警仪使用有哪些注意事项？

（1）不同传感器在检测时可能会互相干扰。一般而言，每种传感器都对应一种特定气体，当多种气体同时存在时，其他气体可能会对待测气体的检测结果产生影响。因此，在选择一种气体传感器时，应尽可能了解其他气体对该传感器的检测干扰，以对检测结果作出正确判断。例如，一氧化碳传感器对氢气有很大的反应，所以当存在氢气时，很难准确测定一氧化碳的浓度；氧气含量不足的情况下，使用催化燃烧式传感器测量可燃性气体的浓度会有较大偏差。

（2）警报设置。根据《有限空间作业安全技术规范》（DB 11/T 852—2019），气体检测报警仪应设定两级报警值，并符合以下要求：

1）氧气应设定缺氧报警和富氧报警两级检测报警值，缺氧报警值应设定为 19.5%，富氧报警值应设定为 23.5%。

2）可燃性气体应设定预警值和报警值两级检测报警值。可燃性气体预警值应为爆炸下限的 5%，报警值应为爆炸下限的 10%。

3）有毒有害气体应设定预警值和报警值两级检测报警值。有毒有害气体预警值应为最高容许浓度或短时间接触容许浓度的 30%，无最高容许浓度和短时间接触容许浓度的物质，应为时间加权平均容许浓度的 30%。有毒有害气体报警值应为最高容许浓度或短时间接触容许浓度，无最高容许浓度和短时间接触容许浓度的物质，应为时间加权平均容许浓度。

另外，有限空间内气体浓度的变化可能会很快，也许在很短时间内就会由安全转化为危险。如在疏通污水管线过程中，被包裹在污水、污泥中的硫化氢会瞬间释放出来，引起硫化氢浓度迅速升高。因此，在设置报警值时需要考虑以下几个因素：

1）工作环境到安全地带的距离。

2）引发警报时有毒有害气体浓度增加的速度。

3）引发警报时有毒有害气体对作业人员的影响程度。

135. 呼吸防护有哪几种方法？

呼吸防护用品是防止缺氧和空气污染物进入呼吸道的防护用品。

呼吸防护有以下两种方法。

（1）净气法。净气法又称净化法，是使吸入的气体经过滤料去除污染物质以获得较清洁的空气供佩戴者使用的方法。滤料的特性与污染物的成分和物理状态有关。这类呼吸防护用品只能对所用滤料相适应的特定污染物起防护作用，不能对所有污染物起防护作用，更不能用于缺氧环境。

（2）供气法。供气法是提供一个独立于作业环境的呼吸气源，通过空气导管、软管或佩戴者自身携带的供气（空气或氧气）装置向人员输送呼吸的气体。

136. 呼吸防护用品有哪些类型？

根据呼吸防护方法，呼吸防护用品分为过滤式和隔绝式两种，见表4-2。主要的呼吸防护用品的类型如图4-2所示。

表4-2　　　　　　　　呼吸防护用品分类

过滤式			隔绝式			
自吸过滤式		送风过滤式	供气式		携气式	
半面罩	全面罩		正压式	负压式	正压式	负压式

（1）过滤式呼吸防护用品。过滤式呼吸防护用品是借助净化部件的吸附、吸收、催化或过滤等作用，将空气中的有害物质去除后供呼吸使用的呼吸防护用品。过滤式呼吸防护用品分为自吸过滤式和送风过滤式，其中依靠使用者呼吸克服部件阻力的称为自吸过滤式呼吸防护用品，依靠动力（如电动风机）克服部件阻力的称为送风过滤式呼吸防护用品。

过滤式呼吸防护用品不能产生氧气，因此不能在缺氧环境中使用，而且过滤元件的容量有限，防毒滤料的防护时间会随有害物浓度

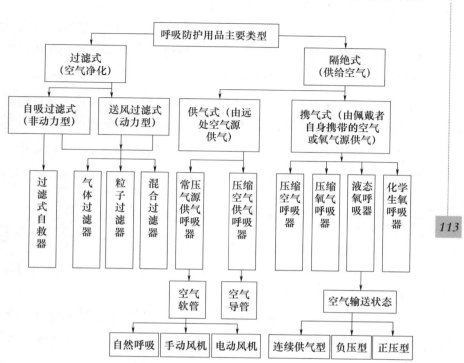

图 4-2 呼吸防护用品的类型

的升高而缩短，而防尘滤料会因粉尘的累积而增加阻力，因此需要定期更换。

（2）隔绝式呼吸防护用品。隔绝式呼吸防护用品是将佩戴者的呼吸器官与作业环境隔绝，依靠本身的气源或导气管引入作业环境以外的洁净空气供佩戴者呼吸的呼吸防护用品。隔绝式呼吸防护用品分为供气式和携气式两种。其中，将污染环境以外的洁净空气输送给佩戴者呼吸的称为供气式呼吸防护用品，由佩戴者自身携带的空气或氧气输送给佩戴者呼吸的称为携气式呼吸防护用品。

隔绝式呼吸防护用品不靠过滤材料过滤有害物，因此适用于各类空气污染物存在的环境，但受携带气源容量的限制，其使用时间有限，且使用时间与有害物质的浓度无关，而只与气源容量和使用者自身的呼吸量有关，所以使用时间比较确定，使用者自己携带气源及全套设备，自主控制，但设备较重，需要使用者有良好的体力，此外进入狭小空间也会受到一定的限制。另外，通过长管输送洁净空气供给使用者呼吸的防护用品，在系统运行正常的情况下，使用时间没有限制，但空气管会限制使用者的活动范围，而且空气管存在使用者无法控制意外断开的可能性。

137. 过滤式呼吸器由哪些部分组成？

过滤式呼吸器主要由过滤元件和面罩两部分组成，有些还在过滤元件与面罩之间加呼吸管连接。

过滤元件主要有防颗粒物类、防气体和蒸气类，或是防颗粒物、气体和蒸气组合类，每类元件都有各自适用的范围，如果选择不当，呼吸器就不能起防护作用。

面罩的作用是将佩戴者的呼吸器官与污染空气隔离，分为半面罩和全面罩两种。半面罩仅罩住口、鼻部分，有的也包括下巴；全面罩可罩住整个面部区域，包括眼睛。

138. 自吸过滤式防毒面具分为哪些种类？

自吸过滤式防毒面具是一种过滤式呼吸防护用品，一般由面罩、滤毒罐、导气管、防毒面具袋等组成。防毒面具的面罩与人面部周边紧密贴合，使佩戴者的眼睛、鼻子、嘴巴和面部与周围的染毒环境隔离，同时依靠滤毒罐中吸附剂的吸附、吸收、催化作用和过滤层的过滤作用将外界染毒空气进行净化，为人员提供洁净空气。自吸过滤式防毒面具根据结构的不同分为以下两种。

（1）导管式防毒面具。导管式防毒面具由全面罩、大型或中型滤毒罐和导气管组成，如图4-3所示。导管式防毒面具防护时间较长，一般由专业人员使用。

（2）直接式防毒面具。直接式防毒面具由全面罩或半面罩直接与小型滤毒罐或滤毒盒相连接，如图4-4和图4-5所示。其特点是体积小、重量轻，便于携带，使用简便。

图4-3　导管式防毒面具

115

图4-4　直接式全面罩防毒面具　　图4-5　直接式半面罩防毒面具

139. 呼吸防护用品一般选用原则是什么？

（1）在没有防护的情况下，任何人不应暴露在能够或可能危害健康的空气环境中。

（2）应根据国家的有关职业卫生标准对作业中的空气环境进行评价，识别有害环境的性质，判定危害程度。

（3）应首先考虑采取工程措施控制环境中有害物质的浓度。若工程措施因各种原因无法实施，或无法完全消除环境中的有害物质，以及在工程措施未生效期间，仍需在有害环境中作业的，应根据作业环境、作业状况和作业人员特点选择适合的呼吸防护用品。

（4）应选择国家认可的、符合标准要求的呼吸防护用品。

（5）选择呼吸防护用品时应参照使用说明书的技术规定，符合其适用条件。

（6）若需要使用呼吸防护用品预防有害环境的危害，使用单位应建立并实施规范的呼吸保护计划。

140. 如何根据危害程度选择呼吸防护用品？

选择呼吸防护用品前，应首先判定有害环境的性质和危害程度。属于 IDLH 环境的，应选择 IDLH 环境适用的呼吸防护用品。不属于 IDLH 环境的，应根据国家有关职业卫生标准规定的浓度，计算危害因数，选择指定防护因数大于危害因数的呼吸防护用品；若空气中同时存在多种有害物质，应分别计算每种有害物质的危害因数，取其中最大的数值作为危害因数。

以下环境应判定为 IDLH 环境，除此以外的环境应判定为非 IDLH 环境：①有害环境性质未知；②缺氧，或无法确定是否缺氧；③有害物质浓度未知、达到或超过 IDLH 浓度。

（1）IDLH 环境应选择以下防护用品。

1）配全面罩的正压式携气式呼吸器。

2）在配备适合的辅助逃生型呼吸防护用品的前提下，配全面罩或送气头罩的正压供气式呼吸防护用品。辅助逃生型呼吸防护用品应适合 IDLH 环境性质。例如，在有害环境的性质未知、未知是否缺氧的环境下，选择的辅助逃生型呼吸防护用品应为携气式，不允许使用过滤式；在不缺氧，但空气污染物浓度超过 IDLH 浓度的环境下，选择的辅助逃生型呼吸防护用品可以是携气式，也可以是过滤式，但应适合该空气污染物的种类及其浓度水平。

（2）非 IDLH 环境应根据有害气体的危害因数，选择指定防护因数大于危害因数的呼吸防护装备。各类呼吸防护用品的防护能力不同，其相应的指定防护因数见表 4-3。

表 4-3　　　　　各类呼吸防护用品的指定防护因数

呼吸防护用品类型	面罩类型	正压式	负压式
自吸过滤式	半面罩	不适用	10
	全面罩		100
送风过滤式	半面罩	50	不适用
	全面罩	200~1 000	
	开放型面罩	25	
	送气头罩	200~1 000	
供气式	半面罩	50	10
	全面罩	1 000	100
	开放型面罩	25	不适用
	送气头罩	1 000	
携气式（自给式）	半面罩	>1 000	10
	全面罩		100

需要注意的是，部分有害气体 IDLH 浓度较低，达到 IDLH 浓度时危害因数会低于一些不适用于 IDLH 环境的防护用品指定防护因数，此时，必须选择 IDLH 环境适用的呼吸防护用品，而不能根据计算得到的危害因数选择相应指定防护因数的呼吸防护用品。以硫化氢为例，我国职业接触限值标准规定，硫化氢最高容许浓度是 10 mg/m³，硫化氢达到 IDLH 浓度 430 mg/m³ 时，危害因数为 43，此时，即便配全面罩的硫化氢防毒面具（自吸过滤式呼吸器）指定防护因数为 100，高于危害因数，也不能使用该防毒面具，而必须使用 IDLH 环

境适用的呼吸防护用品，如配全面罩的正压式携气式呼吸器。

141. 如何根据空气污染物的种类选择呼吸防护用品?

隔绝式、过滤式呼吸防护用品可用于防护有毒有害气体或蒸气、颗粒物，以及颗粒物、有毒气体或蒸气的混合物。但对于没有警示性或警示性很差的有毒气体或蒸气，应优先选择有失效指示器的呼吸防护用品或隔绝式呼吸器。

过滤式呼吸防护用品的过滤元件只针对特定的防护对象起防护作用，因此，选择过滤式呼吸防护用品时应注意其适用范围。

（1）对有毒气体和蒸气的防护。应根据有毒气体和蒸气的种类选择适用的过滤元件（滤毒罐或滤毒盒），对现行标准中未包括的过滤元件种类，应根据呼吸防护用品生产厂商提供的使用说明选择。

（2）对颗粒物的防护。

1）应根据颗粒物的分散度选择适合的防尘口罩。

2）若颗粒物为一般性粉尘，应选择过滤效率至少满足《呼吸防护 自吸过滤式防颗粒物呼吸器》（GB 2626—2019）规定的 KN90 级别的防颗粒物呼吸器。

3）对于挥发性颗粒物的防护，应选择能够同时过滤颗粒物及其挥发气体的呼吸防护用品。

4）若颗粒物含石棉，应选择可更换式防颗粒物半面罩或全面罩，过滤效率至少满足《呼吸防护 自吸过滤式防颗粒物呼吸器》（GB 2626—2019）规定的 KN95 级别的防颗粒物呼吸器。

5）若颗粒物为矽尘、金属粉尘（如铅尘、镉尘）、砷尘、烟（如焊接烟），应选择过滤效率至少满足《呼吸防护 自吸过滤式防颗粒物呼吸器》（GB 2626—2019）规定的 KN95 级别的防颗粒物呼吸器。

6）若颗粒物为液态或具有油性，应选择有适合过滤元件的呼吸防护用品；若颗粒物为致癌性油性颗粒物（如焦炉烟、沥青烟等），则应选择过滤效率至少满足《呼吸防护 自吸过滤式防颗粒物呼吸器》（GB 2626—2019）规定的 KP95 级别的防颗粒物呼吸器。

7）若颗粒物具有放射性，应选择过滤效率至少满足《呼吸防护 自吸过滤式防颗粒物呼吸器》（GB 2626—2019）规定的 KN100 级别的防颗粒物呼吸器。

142. 如何根据作业状况选择呼吸防护用品？

（1）若空气污染物同时刺激眼睛或皮肤，或可经皮肤吸收，或对皮肤有腐蚀性，应选择全面罩，同时应考虑与其他防护用品的兼容性。

（2）若同时存在其他危害，如电焊或气割产生的强光、火花和高温辐射，打磨时存在的飞溅物等，应选择能与相应防护用品相匹配的全面罩。

（3）爆炸性环境应选用具备防爆性能的呼吸防护用品。若选择携气式呼吸防护用品，只能选空气呼吸器，不允许选氧气呼吸器。

（4）作业环境存在高温、低温、高湿以及存在有机溶剂或其他腐蚀性物质时，应注意选择相应耐受性材质的呼吸防护用品，或选择能够调节温度和湿度的供气式呼吸防护用品。

（5）选择供气式呼吸防护用品时应考虑作业点设备布局、人员或机动车等流动情况，应注意气源与作业点间的距离，空气管布置方法是否有可能妨碍他人作业或被意外切断等因素，并采取相应的防护措施。

（6）若作业强度大、作业时间长，应选择呼吸负荷较低的呼吸防护用品。

（7）若有清楚的视觉需求，应选择宽视野的面罩；若需要语言交流，应选择有适宜通话功能的呼吸防护用品；若还需要使用其他工具，应注意与呼吸防护用品彼此匹配。

（8）若作业中存在可以预见的紧急危险情况，应根据危险的性质选择适用的逃生型呼吸防护用品，或选择适用于 IDLH 环境的呼吸防护用品。

143. 如何根据作业人员的特点选择呼吸防护用品？

（1）考虑头面部特征。密合型面罩（半面罩和全面罩）有弹性密封设计，靠施加一定的压力，使面罩与使用者的面部密合以确保将内外空气隔离。人的脸型多种多样，一种设计不能适合所有人，理论上可能存在一定的泄漏，应将泄漏控制在可接受的水平。

（2）考虑视力矫正。视力矫正眼镜不应影响呼吸防护用品与面部的密合度。若呼吸防护用品提供使用视力矫正镜片的结构部件，应选用适合的视力矫正镜片，并按照使用说明书要求操作使用。

（3）考虑某些身体状况。对有心肺系统病史、狭小空间和呼吸负荷存在严重心理应激反应的人员，应考虑其使用呼吸防护用品的能力。

（4）考虑舒适性。应评价作业环境，确定作业人员是否将承受物理因素（如高温）的不良影响，选择能够减轻这种不良影响、佩戴舒适的呼吸防护用品，如选择有降温功能的供气式呼吸防护用品。

144. 使用呼吸防护用品时有哪些注意事项？

（1）任何呼吸防护用品的防护功能都是有限的，使用前应了解所用呼吸防护用品的局限性，并仔细阅读产品使用说明，严格按要求使用。

（2）使用前应向所有使用人员提供呼吸防护用品使用方法培训。作业场所内必须配备逃生型呼吸器的有关人员，应接受逃生型呼吸器使用方法培训。携气式呼吸器应限于受过专门培训的人员使用。

（3）使用前应检查呼吸防护用品是否完整、面罩是否密合、过滤元件是否适用；携气式呼吸防护用品应检查气瓶的储气量，供气式呼吸防护用品应检查提供动力的电源电量等。

（4）进入有害环境前，应先佩戴好呼吸防护用品，对供气式呼吸防护用品应先通气后戴面罩，以防止窒息。对于密合型面罩应先进行佩戴气密性检查，确认佩戴是否正确和密合。检查面罩佩戴气密性的方法是用双手掌心堵住呼吸阀体的进、出气口，然后猛吸一口气，如果面罩紧贴面部，可以判定无漏气，否则应查找原因，调整佩戴位置直至气密性符合要求。

（5）在有害环境作业的人员应始终佩戴呼吸防护用品。

（6）逃生型呼吸防护用品只能用于从危险环境中离开，不允许单独使用进入有害环境。

（7）供气式呼吸防护用品使用前应检查供气气源的质量，气源应清洁无污染，并保证氧含量合格，供气管接头不允许与作业场所其他气体的导管接头通用。

（8）当使用中感到异味、咳嗽、刺激、恶心等不适症状时，应立即离开有害环境，并检查呼吸防护用品，确定并排除故障后方可重新进入有害环境；若无故障存在，使用过滤式呼吸防护用品的，应更换失效的过滤元件。

（9）若呼吸防护用品同时使用数个过滤元件，如双过滤盒，应同时更换。若新过滤元件在某种场合迅速失效，应重新评估所选的过滤元件的适用性。

（10）除通用部件外，未得到生产者的许可，不得将不同品牌的部件拼装和组合使用。

（11）应对使用呼吸防护用品的人员定期进行体检，评估呼吸防护用品的防护效果和使用者对呼吸防护用品的应用能力。

（12）应对呼吸防护用品的使用过程进行必要的监督，以确保使用者正确使用。

（13）在 IDLH 环境中使用呼吸防护用品应注意：在空间允许的情况下，应尽可能由两人同时进入危险环境作业，并配备安全带和救生索；在作业区域外应至少留 1 人，与进入人员保持有效联系，并应配备应急救援设备。

（14）在低温环境下使用呼吸防护用品时应注意：

1）全面罩镜片应具有防雾和防霜功能。

2）供气式呼吸器或携气式呼吸器使用的压缩空气或氧气应干燥。

3）使用携气式呼吸器的人员应了解低温环境下的操作注意事项。

145. 过滤元件何时更换？

（1）防毒过滤元件的更换。防毒过滤元件的使用寿命受空气污染物种类及其浓度、使用者的呼吸频率、环境温度和湿度条件等因素影响。一般按照下述方法确定防毒过滤元件的更换时间：

1）当使用者感觉到空气污染物的味道或刺激性时，应立即更换。

2）对于常规作业，建议根据经验、实验数据或其他客观方法，确定过滤元件更换时间表，定期更换。

3）每次使用后记录使用时间，帮助确定更换时间。

4）普通有机气体过滤元件对低沸点有机化合物的使用寿命通常会缩短，每次使用后应及时更换；对于其他有机化合物的防护，若两次使用时间相隔数日或数周，重新使用时也应考虑更换。

（2）防颗粒物过滤元件的更换。防颗粒物过滤元件的使用寿命受颗粒物浓度、佩戴者呼吸频率、过滤元件规格，以及环境条件等因素影响。随着颗粒物在过滤元件上的富集，呼吸阻力会逐渐增加以致呼吸防护用品不能使用。当发生以下情况时，应更换过滤元件：

1）使用自吸过滤式呼吸防护用品的人员感觉呼吸阻力显著增加时。

2）使用电动送风过滤式呼吸防护用品的人员确认电池电量正常，但送风量低于规定的最低限值时。

3）使用手动送风过滤式呼吸防护用品的人员感觉送风阻力明显增加时。

146. 供气式呼吸防护用品使用注意事项有哪些?

（1）使用前应检查供气气源质量，气源应清洁无污染，并保证氧含量合格。

（2）供气管接头不允许与作业场所其他气体导管接头通用。

（3）应避免供气管与作业现场其他移动物体相互干扰，不允许碾压供气管。

147. 呼吸防护用品如何维护?

任何呼吸防护用品的使用寿命都是有限的，良好的维护不仅能保障使用安全，而且还可确保达到甚至延长预期使用寿命，降低生产成本。呼吸防护用品的维护通常包括检查保养、清洗消毒和储存等环节。

（1）检查保养。

1）应按照呼吸防护用品使用说明书中有关内容和要求，由受过专业培训的人员实施定期的检查与维护。涉及使用说明书未包含的内容，应向生产者或经销者咨询。

2）携气式呼吸防护用品使用后应立即更换用完的或部分使用的气瓶或呼吸气体发生器，并更换其他过滤元件。更换气瓶时不允许将空气瓶和氧气瓶互换。

3）应按国家有关规定，定期到具有相应压力容器检测资格的机构检测空气瓶或氧气瓶。

4）应使用专用润滑剂润滑高压空气或氧气设备。

5）不允许使用者自行重新装填过滤式呼吸防护用品滤毒盒或滤毒盒内的过滤材料，也不允许采取任何方法自行延长已经失效的过滤元件的使用寿命。

（2）清洗消毒。

1）个人专用的呼吸防护用品应定期清洗和消毒，非个人专用的呼吸防护用品每次使用后都应进行清洗和消毒。

2）不允许清洗过滤元件。对可更换过滤元件的过滤式呼吸防护用品，清洗前应将过滤元件取下。

3）清洗面罩时，应按使用说明书要求拆卸有关部件，使用软毛刷在温水中清洗，或在温水中加入适量中性洗涤剂清洗，清水冲洗干净后在清洁场所阴凉风干。

4）若使用广谱消毒剂消毒，在选用消毒剂时，特别是需要预防特殊病菌传播的情形，应先咨询呼吸防护用品生产者和工业卫生专家。应特别注意消毒剂生产者的使用说明，如稀释比例、温度和消毒时间等。

5）清洗各部件时，严防碰撞，避免损坏，以防造成气密性不良。清洗外壳时必须严防水进入减压器。

6）安装各部件时，仔细检查各接头垫圈是否完备或损坏。

（3）储存。

1）呼吸防护用品应保存在清洁、干燥、无油污、无阳光直射和无腐蚀性气体的地方。

2）如呼吸防护用品不经常使用，建议放入密封袋内储存。储存应避免面罩变形。

3）过滤元件不应敞口存放。

4）呼吸防护用品的储存温度为 5～30 ℃，相对湿度为 40%～80%，呼吸器与取暖设备的距离应大于 1.5 m。

5）氧气瓶的保管必须严格遵守有关规章制度，严禁沾染油脂。夏季不要放在日光暴晒的地方，与明火的距离一般不小于 10 m。氧气瓶内的氧气不能全部用完，应至少留有 0.05 MPa 的剩余压力。

6）所有紧急情况下使用的呼吸防护用品，如抢险用的携气式呼吸防护用品和逃生器，应时刻保持待用状态，放在适宜储存、便于管理、取用方便的地方，不得随意变更存放地点。

148. 有限空间作业常用的呼吸防护用品有什么？

根据有限空间作业的特点，通常使用的呼吸防护用品包括自吸过滤式防毒面具、长管呼吸器、正压式空气呼吸器、紧急逃生呼吸器等。

149. 防毒面具的防护原理是什么？

（1）面具的气密性。在面罩罩体的内侧周边有密合框，用于面罩与佩戴者面部紧密贴合，由橡胶材料制成。密合框的功能是将面罩内部空间与外部空间隔绝，防止有毒有害气体进入面罩内部空间，保障防毒面具的呼吸系统正常工作，确保防毒面具的防护性能。面罩的防护效果取决于面罩各个接口的气密性，即面罩装配气密性，如眼窗、通话器、过滤罐等部位接口的气密性。另外，面罩密合框与人员头面部的密合部位也可视作一个接口，面罩能否与头面部紧密贴合，对于面罩的使用非常重要。

（2）过滤元件的防护原理。过滤元件依靠其内部的装填物来净化有害物。装填物由两部分组成：一是装填层，用于过滤有毒气体或蒸气；二是滤烟层，用于过滤有害气溶胶（如毒烟、毒雾、放射性灰尘和细菌等）。装填层中用的是载有催化剂或化学吸附剂的活性炭（常称为浸渍活性炭或浸渍炭，或称为防毒炭或催化炭），其通过物理吸附作用、化学吸着作用和催化作用来达到防毒的目的。滤烟层对有害气溶胶的过滤作用取决于滤烟层的材料。气溶胶微粒通过滤烟层时会发生截留效应、惯性效应、扩散效应和静电效应，以达到过滤的效果。

（3）过滤元件类型及防护对象。防毒过滤元件分为普通过滤元件、多功能过滤元件、综合过滤元件和特殊过滤元件。目前我国标准规定的普通过滤元件有 7 种类型：A 型，用于防护有机气体和蒸气；B 型，用于防护无机气体和蒸气；E 型，用于防护二氧化硫和其他酸性气体和蒸气；K 型，用于防护氨及氨的有机衍生物；CO 型，用于防护一氧化碳气体；Hg 型，用于防护汞蒸气；H_2S 型，用于防护硫化氢气体。普通过滤元件的防护对象及防护时间见表4-4。可以防护其中2种及以上类型的有毒气体或蒸气的过滤元件属于多功能过滤元件。普通过滤元件或多功能过滤元件带有滤烟功能的，是综合过滤元件，这类过滤元件不仅能防护有毒气体或蒸气，还能防护有害气溶胶。除此之外，还有一些过滤元件用于防护制造厂商特别指明的气体或蒸气，属于特殊过滤元件。

表4-4　　　　普通过滤元件的防护对象及防护时间

过滤元件类型	标色	防护对象举例	测试介质	4级		3级		2级		1级		穿透浓度/mL·m^{-3}
				测试介质浓度/mg·L^{-1}	防护时间/min ≥	测试介质浓度/mg·L^{-1}	防护时间/min ≥	测试介质浓度/mg·L^{-1}	防护时间/min ≥	测试介质浓度/mg·L^{-1}	防护时间/min ≥	
A	褐	苯、苯胺类、四氯化碳、硝基苯、氯化苦	苯	32.5	135	16.2	115	9.7	70	5.0	45	10
B	灰	氯化氰、氢氰酸、氯气	氢氰酸（氯化氰）	11.2（6）	90（80）	5.6（3）	63（50）	3.4（1.1）	27（23）	1.1（0.6）	25（22）	10[①]
E	黄	二氧化硫	二氧化硫	26.6	30	13.3	30	8.0	23	2.7	25	5
K	绿	氨	氨	7.1	55	3.6	55	2.1	25	0.76	25	25
CO	白	一氧化碳	一氧化碳	5.8	180	5.8	100	5.8	27	5.8	20	50
Hg	红	汞	汞	—	—	0.01	4 800	0.01	3 000	0.01	2 000	0.1
H$_2$S	蓝	硫化氢	硫化氢	14.1	70	7.1	110	4.2	35	1.4	35	10

注①：C_2N_2 有可能存在于气流中，所以 C_2N_2+HCN 总浓度不能超过 10 mL·m^{-3}。

150. 防毒面具的适用条件是什么?

（1）防毒面具是一种过滤式呼吸防护用品，只能用于在氧气含量合格的有限空间（即氧气含量在 19.5% ~ 23.5%）使用。

（2）根据《呼吸防护用品的选择、使用与维护》（GB/T 18664—2002）的规定，防毒面具只能用于非 IDLH 环境的有限空间，并且需要根据有限空间内危害因数及防毒面具的防护因数（APF）决定使用半面罩防毒面具还是全面罩防毒面具。

1）当 1<危害因数<10 时，即有限空间内有毒有害气体的浓度大于职业卫生标准规定的浓度，且小于 10 倍时，可选择半面罩式防毒面具（APF 为 10）。

2）当 10≤危害因数<100 时，即有限空间内有毒有害的气体浓度大于等于职业卫生标准规定浓度的 10 倍，且小于 100 倍时，可选择全面罩式防毒面具（APF 为 100）。

（3）面罩型号有 0~4 号，0 号最小，4 号最大，号码标在面罩的下巴边沿，在选择防毒面具时要注意面罩与佩戴者面部的贴合程度。

（4）《呼吸防护 自吸过滤式防毒面具》（GB 2890—2009）对过滤元件的标色及防护时间做了要求，当有限空间中存在的有毒有害气体不止一种，且不能用一种过滤元件过滤时，应选择复合型的滤毒罐（盒）。

151. 如何正确佩戴防毒面具?

（1）检查。使用前检查面罩是否完好，密合框有无破损。若使用导管式防毒面具，要特别检查导管的气密性，观察是否有孔洞或裂缝。

（2）连接。选择合适的滤毒罐或滤毒盒，打开封口，将其与面罩上的螺口对齐并旋紧。若使用导管式防毒面具，则将面罩和滤毒罐分别与导气管的两侧相连。

（3）佩戴。松开面罩的带子，一手持面罩前端，另一手拉住头带，将头带往后拉罩住头顶部（要确保下颚正确位于下颚罩内），调整面罩，使其与面部达到最佳的贴合程度。若使用导管式防毒面具，将滤毒罐装入防毒面具袋内，并固定在身体上。

152. 长管呼吸器分为哪几类？

长管呼吸器是使佩戴者的呼吸器官与周围空气隔绝，并通过长管输送清洁空气以供佩戴者呼吸的防护用品，属于隔绝式呼吸器中的一种。根据供气方式的不同，长管呼吸器可以分为自吸式长管呼吸器、连续送风式长管呼吸器和高压送风式长管呼吸器三种。表4-5为长管呼吸器的分类及组成。

表4-5　　　　　　　　长管呼吸器的分类及组成

长管呼吸器种类	系统组成主要部件及次序				供气气源
自吸式长管呼吸器	密合性面罩[a]	导气管[a]	低压长管[a]	低阻过滤器[a]	大气[a]
连续送风式长管呼吸器		导气管[a]+流量阀[a]	低压长管[a]	过滤器[a]	风机[a]	大气[a]
					空压机[a]	
高压送风式长管呼吸器	面罩[a]	导气管[a]+供气阀[b]	中压长管[b]	高压减压器[c]	过滤器[c]	高压气源[c]
所处环境	工作现场环境		工作保障环境		

注：a承受低压部件；b承受中压部件；c承受高压部件。

（1）自吸式长管呼吸器。自吸式长管呼吸器的结构如图4-6所示，由密合面罩、导气管、背带和腰带、低压长管、空气输入口

（低阻过滤器）和警示板等部分组成。自吸式长管呼吸器将长管的一端固定在空气清新、无污染的场所，另一端与面罩连接，依靠佩戴者自己的肺动力将清洁的空气经低压长管、导气管吸进面罩内。

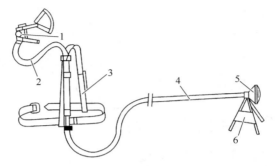

图 4-6　自吸式长管呼吸器的结构
1—密合面罩　2—导气管　3—背带和腰带
4—低压长管　5—空气输入口（低阻过滤器）　6—警示板

　　这种呼吸器要依靠自身的肺动力克服呼吸阻力，在呼吸过程中不能总是维持面罩内为微正压。当面罩内压力下降为微负压时，佩戴者所处环境受污染的空气就有可能进入面罩内，危害佩戴者安全与健康，所以自吸式长管呼吸器不宜在毒物危害大的场所使用。此外，由于该类呼吸器依靠佩戴者自身肺动力吸入作业环境以外的洁净空气，从事重体力劳动或长时间作业时，会给佩戴该呼吸器的作业人员带来负担，使作业人员感觉呼吸不畅。有限空间作业不使用该类呼吸器作为呼吸防护用品。

　　（2）连续送风式长管呼吸器。根据送风设备动力源的不同，连续送风式长管呼吸器分为电动送风呼吸器和手动送风呼吸器。

　　电动送风呼吸器的结构如图 4-7 所示，由密合面罩、导气管、背带和腰带、空气调节袋、流量调节器、低压长管、风量转换开关、电动送风机、过滤器和电源线等部件组成。连续送风式长管呼吸器的特点是使用时间不受限制，供气量较大，可以同时供 1~5 人使用，送风量依人数和低压长管的长度而定。在使用时应将风机放在有限空间外空气清洁和含氧量大于 19.5% 的地点。表 4-6 为电动送风呼吸器送风量。

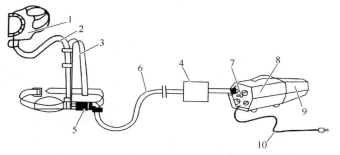

图 4-7　电动送风呼吸器的结构

1—密合面罩　2—导气管　3—背带和腰带　4—空气调节袋　5—流量调节器

6—低压长管　7—风量转换开关　8—电动送风机　9—过滤器　10—电源线

表 4-6　　　　　　　　　**电动送风呼吸器送风量**

人数	低压长管送风量/L · min⁻¹			
	低压长管长度 /10 m	低压长管长度 /20 m	低压长管长度 /30 m	低压长管长度 /40 m
1	110~130	70~90	60~80	50~70
2	150~170	110~130	90~110	70~90
3	190~210	140~160	110~130	90~110
4	220~240	160~180	130~150	110~130
5	250~270	180~200	150~170	130~150

　　手动送风呼吸器的结构如图 4-8 所示，由密合面罩、导气管、背带和腰带、空气调节袋、低压长管和手动风机等部件组成。手动送

风呼吸器不需要电源，送风量与风机转数有关，需要人力操作。手动送风呼吸器面罩内由于送风形成微正压，外部的污染空气不能进入面罩内。在使用时应将手动风机置于清洁空气场所，保证供应的空气是无污染的清洁空气。表4-7为手动送风呼吸器的送风量。

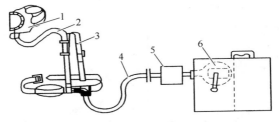

图4-8　手动送风呼吸器的结构

1—密合面罩　2—导气管　3—背带和腰带　4—低压长管

5—空气调节袋　6—手动风机

表4-7　　　　　　　　手动送风呼吸器送风量

手动风机转数 /r · min⁻¹	送风量/L · min⁻¹		
	低压长管长度/10 m	低压长管长度/20 m	低压长管长度/30 m
40	65~75	55~60	45~52
50	85~100	75~80	65~70
60	105~140	90~110	95~105
70	130~150	110~130	75~85
80	150~170	125~140	112~130

（3）高压送风式长管呼吸器。高压送风式长管呼吸器是高压气源（如高压空气瓶）经压力调节装置把高压降为中压后，将气体通过导气管送到面罩内供佩戴者呼吸的一种呼吸防护用品。高压送风式长管呼吸器的结构如图4-9所示，该呼吸器由两个高压空气瓶作为气源，一个小容量的备用气瓶和一个大容量工作气瓶，工作气瓶发生

意外中断供气时，可切换至小容量备用气瓶继续供气。

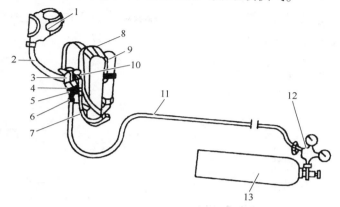

图 4-9　高压送风式长管呼吸器的结构

1—全面罩　2—导气管　3—肺动力阀　4—减压阀　5—单向阀
6—软管接合器　7—高压导管　8—着装带　9—小型高压空气瓶
10—压力指示计　11—空气导管　12—减压阀　13—高压空气瓶

153. 长管呼吸器的适用条件是什么?

（1）连续送风式长管呼吸器可用于有限空间 2 级作业环境。

（2）高压送风式长管呼吸器可用于有限空间 2 级作业环境，也可用于有限空间作业事故应急救援。

154. 连续送风式长管呼吸器如何使用?

（1）检查。

1）面罩应匹配佩戴者的头面特征，外观完好，密合框无破损，进气阀、呼气阀、头带、视窗等部件完整有效，面罩气密性良好。气密性检查方法：将下颚抵住面罩的下颚罩，把面罩罩好，用手掌心堵住呼吸阀体进出气口，吸气（若面罩与导气管不能分离，可对折导气管，捏紧导气管，吸气），面罩向内微微凹陷，面罩边缘紧贴面部，屏住呼吸数秒，维持上述状态无漏气即说明密合良好。存在面罩泄漏情况的应调整头带或更换面罩直至气密良好。

2）吸气软管、导气管无孔洞或裂缝，气路畅通。

3）电动送风装置应能正常运转。

（2）连接。

1）将吸气软管一端与面罩前端螺口对齐，旋紧，另一端与空气调节带或减压阀相连。

2）将导气管一端与空气调节带相连，另一端与供气设备（包括风机、空气压缩机）出气口相连。

3）连接电源，开启后检查气路是否通畅。

（3）佩戴。

1）背肩带，调整好肩带位置，扣上腰扣，收紧腰带。

2）开启电动风机或空气压缩机电源。

3）松开面罩的带子，一手持面罩前端，另一手拉住头带，将头带往后拉罩住头顶部（要确保下颚正确位于下颚罩内），调整面罩，使其与面部达到最佳的贴合程度，收紧面罩的头带。

4）调节空气调节阀，调整供气量。

5）连续深呼吸，应感到呼吸顺畅。

155. 连续送风式长管呼吸器使用时有哪些注意事项？

（1）长管必须经常检查，确保无泄漏，气密性良好。

（2）使用连续送风式长管呼吸器必须有专人在现场安全监护，防止长管被压、被踩、被折弯、被破坏。

（3）连续送风式长管呼吸器的进风口必须放置在有限空间作业

环境外，空气洁净及氧含量合格的地方，一般选择放置在有限空间出入口的上风侧。

（4）使用空气压缩机作气源时，为保护作业人员的安全与健康，空气压缩机的出口应设置空气过滤器，内装活性炭、硅胶、泡沫塑料等，以清除油水和杂质。

156. 高压送风式长管呼吸器如何使用?

（1）检查。

1）面罩应匹配佩戴者的头面特征，外观完好，密合框无破损、进气阀、呼气阀、头带、视窗等部件完整有效，面罩气密性良好。气密性检查方法：将下颚抵住面罩的下颚罩，把面罩罩好，用手掌心堵住呼吸阀体进出气口，吸气（若面罩与导气管不能分离的，可对折导气管，捏紧导气管，吸气），面罩向内微微凹陷，面罩边缘紧贴面部，屏住呼吸数秒，维持上述状态无漏气即说明密合良好。存在面罩泄漏情况的应调整头带或更换面罩直至气密良好。

2）导气管、长管无孔洞或裂缝，气路畅通。

3）气瓶压力应能满足作业需要，报警装置应能正常报警。

（2）连接。

1）将导气管一端与面罩前端螺口对齐，旋紧，另一端与空气调节带或减压阀相连。

2）长管一端与空气调节带（减压阀）相连，另一端与高压气瓶相连。

（3）佩戴。

1）背肩带，调整好肩带位置，扣上腰扣，收紧腰带。

2）打开气瓶瓶阀。

3）松开面罩的带子，一手持面罩前端，另一手拉住头带，将头带往后拉罩住头顶部（要确保下颚正确位于下颚罩内），调整面罩，使其与面部达到最佳的贴合程度，收紧面罩的头带。

4）调节空气调节阀、减压阀，调整供气量。

5）连续深呼吸，应感到呼吸顺畅。

157. 高压送风式长管呼吸器使用时有哪些注意事项?

（1）长管必须经常检查，确保无泄漏，气密性良好。

（2）使用高压送风式长管呼吸器必须有专人在现场监护，一是防止长管被压、被踩、被折弯、被破坏；二是注意观察气瓶压力，当气瓶压力下降至 5.5±0.5 MPa，警报器启动报警时，应及时通知作业人员撤离有限空间。

158. 正压式空气呼吸器由哪些部分组成?

正压式空气呼吸器又称为自给开路式空气呼吸器，属于自给式呼吸器的一种。该类呼吸器将佩戴者的呼吸器官、眼睛和面部与外界染毒空气或缺氧环境完全隔绝，自带压缩空气源，呼出的气体直接排到外部。空气呼吸器由面罩总成、供气阀总成、气瓶总成、减压器总成、背托总成五部分组成，其结构如图 4-10 所示。

面罩总成有大、中、小三种规格，由头罩、头颈带、吸气阀、口鼻罩、面窗、传声器、面窗密封圈、凹形接口等组成。头罩戴在头顶上；头带、颈带用以固定面罩；口鼻罩罩住佩戴者的口鼻，提高空气利用率，减少因温差引起的面窗雾气；面窗由高强度的聚碳酸酯材料注塑而成，耐磨、耐冲击，透光性好，视野大，不失真；传声器可有效传递声音；面窗密封圈起到密封作用，与外部环境隔绝；凹形接口

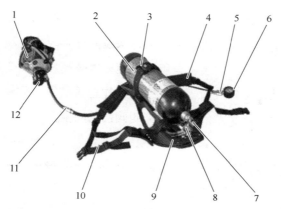

图4-10　正压式空气呼吸器的结构

1—面罩　2—气瓶　3—带箍　4—肩带　5—报警哨　6—压力表　7—气瓶阀
8—减压器　9—背托　10—腰带组　11—快速接头　12—供气阀

用于连接供气阀总成。

供气阀总成由节气开关、应急充泄阀、凸形接口、插板四部分组成。供气阀的凸形接口与面罩的凹形接口可直接连接，构成通气系统。节气开关外有橡皮罩保护，当佩戴者从脸上取下面罩时，为节约用气，用拇指按住橡皮罩下的节气开关，会听到"嗒"的一声，即关闭供气阀，停止供气，重新戴上面具，开始呼气时，供气阀自动开启，供给空气。应急充泄阀是一个红色旋钮，当供气阀意外发生故障时，通过手动旋钮旋动1/2圈，即可提供正常的空气流量。此外，应急充泄阀还可利用流出的空气直接冲刷面罩、供气阀内部的灰尘等污物，避免吸入体内。供气阀与面罩连接好后可用插板锁定。

气瓶总成由气瓶和瓶阀组成。气瓶从材质上分为钢瓶和复合瓶两种。钢瓶用高强度钢制作，复合瓶是在铝合金内胆外加碳纤维和玻璃纤维等高强度纤维缠绕制成，与钢瓶比具有质量轻、耐腐蚀、安全性好和使用寿命长等优点。气瓶从容积上分3 L、6 L和9 L三种规格。

钢瓶空气呼吸器重达 14.5 kg，而复合瓶空气呼吸器一般重 8~9 kg。瓶阀有两种，即普通瓶阀和带压力显示及欧标手轮的瓶阀。无论哪种瓶阀都有安全螺塞，内装安全膜片，瓶内气体超压时安全膜片会自动爆破泄压，从而保护气瓶，避免气瓶爆炸造成危害。欧标手轮瓶阀则带有压力显示和防止意外碰撞而关闭阀门的功能。

减压器总成由压力表、报警器、中压导气管、安全阀、手轮五部分组成。压力表能显示气瓶的压力，并具有夜光显示功能，便于在光线不足的条件下观察。报警器安装在减压器上或压力表旁，安装在减压器上的为后置报警器，安装在压力表旁的为前置报警器。当气瓶压力降到 5~6 MPa 时，报警器开始发出声响报警，持续报警到气瓶压力小于 1 MPa 时为止。此时，佩戴者应立即撤离有毒有害危险作业场所，否则会有生命危险。安全阀是当减压器出现故障时的安全排气装置。中压导气管是减压器与供气阀组成的连接气管，从减压器出来的 0.7 MPa 的空气经供气阀直接进入面罩，供佩戴者使用。手轮用于与气瓶连接。

背托总成包括背架、上肩带、下肩带、腰带和瓶箍带五部分。背架起到空气呼吸器的支架作用；上、下肩带和腰带用于整套空气呼吸器与佩戴者的紧密固定；背架上瓶箍带的卡扣用于快速锁紧气瓶。

159. 正压式空气呼吸器的适用条件是什么？

正压式空气呼吸器主要用于有限空间事故应急救援人员的呼吸防护，在有限空间 2 级作业环境中实施短时间作业，供气时间可满足作业要求的，也可选择该呼吸器作为呼吸防护用品。使用时要注意气瓶压力，保证充足的返回时间。但要注意，正压式空气呼吸器不能在水下使用。此外，其适用温度在 -30~60 ℃，事故环境或作业环境温度超出该范围的也不能使用。

160. 正压式空气呼吸器如何使用?

不同厂家生产的正压式空气呼吸器在供气系统的设计上所遵循的原理是一致的,但外形设计却存在差异,使用前要认真阅读产品说明书。下面以供气阀与面罩可分离的正压式空气呼吸器为例介绍其使用方法。

(1) 检查。

1) 正压式空气呼吸器应整体外观良好,包括背托、系带、导气管、阀体、气瓶、面罩、压力表等。

2) 压缩空气瓶应经检验合格,并在检验有效期内。

3) 气瓶压力应满足作业需要。打开气瓶阀,观察压力,压力表指针指示应位于压力表"绿区",一般不应低于 25 MPa。

4) 报警用的声光设施应运行正常。关闭气瓶阀,平缓地按动泄压阀,压力表显示数值逐渐下降,当压力降至 5.5 ± 0.5 MPa 时,蜂鸣报警器可发出声响,提醒佩戴者气瓶压力不足。当报警哨出现"高报"(压力值未到报警区时开始报警) 或"低不报"(压力值到报警区后仍不报警) 情况时,应及时维修或更换。

5) 面罩气密性应良好。气密性检查方法:将下颚抵住面罩的下颚罩,把面罩罩好。用手掌心堵住呼吸阀体进出气口,吸气(在供气阀与面罩连接完好,气瓶关闭,气路中的空气放空的情况下,也可直接在罩好面罩后深吸一口气),面罩向内微微凹陷,面罩边缘紧贴面部,屏住呼吸数秒,维持上述状态无漏气即说明密合良好。存在面罩泄漏情况的应调整头带或更换面罩直至气密良好。

(2) 佩戴。

1）背起正压式空气呼吸器，使双臂穿在肩带中，气瓶倒置于背部。

2）调整呼吸器上下位置，扣上腰扣，收紧腰带。

3）松开面罩的带子，一手持面罩前端，另一手拉住头带，将头带往后拉罩住头顶部（要确保下颚正确位于下颚罩内），调整面罩，使其与面部达到最佳的贴合程度。

4）两手抓住颈带两端往后拉，收紧颈带；两手抓住头带两端往后拉，收紧头带。

5）打开瓶阀。

6）将供气阀与面罩对接，安装供气阀。

7）连续深呼吸，应感到呼吸顺畅。

161. 正压式空气呼吸器的使用注意事项有哪些？

（1）佩戴者应经过专业培训，熟练掌握空气呼吸器的使用方法及安全注意事项。

（2）空气呼吸器应2人协同使用，特殊情况下1人使用时，应制定安全措施，确保佩戴者的安全。

（3）空气呼吸器的气瓶充气应严格按照《气瓶安全技术监察规程》（TSG R0006—2014）的规定执行，无充气资质的单位和个人禁止私自充气，气瓶每3年应送有资质的单位检验1次。使用过程中发现气瓶有严重腐蚀、损伤，或对其安全可靠性有怀疑时，应提前检验。气瓶库存或停用时间超过1个检测周期的，启用前应检验。

（4）当报警器起鸣或气瓶压力低于5.5 MPa时，应立即撤离有毒有害危险作业场所。

（5）应急充泄阀的开关只能手动，不可使用工具，其阀门转动范围为 1/2 圈。

（6）空气呼吸器在使用中出现部分供气或完全停止供气时，应按逆时针方向打开应急充泄阀。打开应急充泄阀后，应立即撤离有毒有害危险作业场所。

（7）空气呼吸器应由专人负责保管、保养、检查，未经授权的单位和个人无权拆、修空气呼吸器。

162. 紧急逃生呼吸器分为哪几类？

当有限空间发生有毒有害气体突出或突然性缺氧，应使用紧急逃生呼吸器迅速撤离危险环境。紧急逃生呼吸器主要有压缩空气逃生呼吸器、自生氧氧气逃生呼吸器等。其包括的基本部件有全面罩（口鼻罩、鼻夹和口具）、呼吸软管或压力软管、背具、过滤元件、呼吸袋、气瓶等。

163. 紧急逃生呼吸器的防护原理是什么？

（1）压缩空气逃生呼吸器。压缩空气逃生呼吸器自带一个小型压缩气瓶，逃生呼吸器开启后自动向面罩内提供空气。

（2）自生氧氧气逃生呼吸器。把储存在呼吸袋内的氧气经氧气管、吸气阀等从面罩吸入，呼气则通过呼气管进入净化罐，二氧化碳被吸收，氧气再返回呼吸袋中供吸气使用。或通过化学药剂发生反应产生氧气，供逃生人员使用。使用的主要化学药剂包括氧化钾、氧化钠、氯酸钠等。

164. 紧急逃生呼吸器的适用条件是什么？

紧急逃生呼吸器只能用于逃生过程的呼吸防护，不可用于作业过程的呼吸防护。

压缩空气逃生呼吸器是有限空间常用的紧急逃生呼吸器。作业人员进入有限空间 3 级作业环境中作业时携带压缩空气逃生呼吸器，可以在作业环境发生有毒有害气体突出或突然性缺氧等意外情况时，为作业人员提供呼吸防护，帮助作业人员安全逃离危险环境。它可以独立使用，也可以配合其他呼吸防护用品共同使用。

165. 紧急逃生呼吸器如何使用？

（1）检查。检查气瓶压力是否满足逃生需要；检查面罩或头罩气密性是否良好。

（2）使用。作业中一旦有毒有害气体的浓度超标，气体检测报警仪就会发出警报，此时应迅速打开紧急逃生呼吸器。将面罩或头套完整地遮掩住口、鼻、面部甚至头部，迅速撤离危险环境。

166. 使用紧急逃生呼吸器的注意事项有哪些？

（1）紧急逃生呼吸器必须随身携带，不可随意放置。

（2）不同的紧急逃生呼吸器，其供气时间不同，一般为 15~40 min，作业人员应根据作业场所距有限空间出口的距离选择，若供气时间不足以安全撤离危险环境，在携带时应增加紧急逃生呼吸器的数量。

167. 有限空间作业常用的坠落防护用具主要有哪些？

有限空间作业常用的坠落防护用具主要有全身式安全带、速差器、缓冲器、自锁器、连接器、安全绳以及挂点装置等。

168. 根据使用条件不同，安全带分为哪几类？

安全带是防止高处作业人员发生坠落或发生坠落后将作业人员安

全悬挂的个体防护装备。按照使用条件的不同，可以分为以下三类。

（1）围杆作业安全带。通过围绕在固定构造物上的绳或带将人体绑定在固定的构造物附近，使作业人员的双手可以进行其他操作的安全带。

（2）区域限制安全带。用以限制作业人员的活动范围，避免其到达可能发生坠落区域的安全带。

（3）坠落悬挂安全带。高处作业或登高人员发生坠落时，将作业人员悬挂的安全带。有限空间作业中，选用最多的为全身式安全带，它是坠落悬挂安全带的一种。全身式安全带可在坠落发生时保持坠落者正常体位，防止坠落者从安全带内滑脱，还能将冲击力平均分散到人体整个躯干部分，减轻对坠落者造成的伤害。

169. 全身式安全带由哪几部分组成？

全身式安全带由织带、带扣及其他金属部件等组合而成，如图4-11所示，主要包含以下部分。

（1）背部D形环：安全带上用于坠落制动的基本挂点。

（2）D形环延长带：与背后的D形环相连，使D形环与绳子的连接更容易，这样作业人员就可以确定挂钩是否完全挂好。

（3）肩部D形环：带有撑杆或Y形缓冲减震带的肩部小D形环，用于在有限空间内的救援或逃生。

（4）胸带：用于连接两个肩带，通过一个连接扣环使身体固定在安全带内。

（5）腿带：扣环式或扣眼式，佩戴者可根据需要和偏好选择腿上的松紧程度。

（6）软垫：柔软、稳固，在工作定位时有助于支撑身体下部。

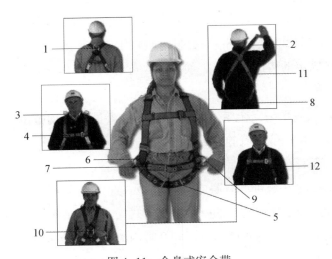

图 4-11　全身式安全带

1—背部 D 形环　2—D 形环延长带　3—肩部 D 形环　4—胸带

5—腿带　6—软垫　7—腰带　8—下骨盆带　9—侧面 D 形环

10—胸部 D 形环　11—向上箭头指示　12—侧肋环

144

（7）腰带：一体的腰带，有助于工作定位和存放工具。

（8）下骨盆带：位于臀部以下，有助于工作定位和在坠落时分担受力。

（9）侧面 D 形环：位于侧臀部或紧挨其上部位，用于工作定位和限位。

（10）胸部 D 形环：胸前交叉安全带的 D 形环或圆环，用于爬梯或援救时的定位。

（11）向上箭头指示：箭头用于指示全身安全带连接点方向。向上箭头指全身安全带定位的方向。

（12）侧肋环：加固的带环，用于救援和降落。

170. 什么是速差器？分为哪几类？

速差器是安装在挂点上，装有可伸缩长度的绳（带、钢丝绳），串联在系带和挂点之间，在坠落发生时因速度变化引发制动作用的防护用品，又称收放式防坠器等。

按速差器安全绳的材料及形式分，速差器可分为织带速差器、纤维绳索速差器和钢丝绳速差器三类。

按速差器功能分，速差器可分为带有整体救援装置和不带整体救援装置两类，如图 4-12 所示。

145

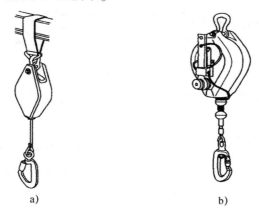

a)   b)

图 4-12 速差器按功能分类

a）不带整体救援装置 b）带有整体救援装置

171. 速差器的标记分别代表什么意思？

速差器的标记由产品特征、产品性能两部分组成。

（1）产品特征：以字母 Z 代表织带速差器，以字母 X 代表纤维绳索速差器，以字母 G 代表钢丝绳速差器，以字母 J 代表速差器带有整体救援装置，以阿拉伯数字代表安全绳最大伸展长度。

（2）产品性能：以字母 J 代表基本性能，以字母 G 代表高温性能，以字母 D 代表低温性能，以字母 S 代表浸水性能，以字母 F 代表抗粉尘性能，以字母 Y 代表抗油污性能。

例如，具备基本性能的织带速差器，安全绳最大伸展长度为 3 m，表示为 "Z-J-3"；带有整体救援装置的钢丝绳速差器，同时具备高温、抗粉尘性能和抗油污性能，安全绳最大伸展长度为 10 m，表示为 "GJ-GFY-10"。

172. 与其他坠落防护用品相比，速差器有什么特点？

（1）速差器的安全绳在正常使用时，可随人体上下而自由伸缩，可以大大减少被安全绳绊倒的危险。

（2）速差器利用物体下坠速度差进行自控，安全绳在内部机构作用下处于半紧张状态，佩戴者无牵挂感。佩戴者失足坠落，安全绳拉出速度明显加快时，速差器内部锁止系统会立即自动锁止，锁止距离小，反应速度快，可减轻坠落人员遭受的冲击，同时减小下坠摇摆幅度，降低撞击其他物体导致事故伤害的概率。

（3）速差器的安全绳伸缩长度可达到 30 m 甚至更长，佩戴者可获得更大的活动空间。安全绳在不使用的状态下，可自动缩回壳体内，减少外界环境条件对安全绳的影响，保障速差器的可靠性和使用寿命。

173. 什么是缓冲器？分为哪几类？

缓冲器是串联在系带和挂点之间，发生坠落时吸收部分冲击能量、降低冲击力的零部件，如图 4-13 所示。

缓冲器按自由坠落距离和制动力不同，分为 Ⅰ 型缓冲器和 Ⅱ 型缓

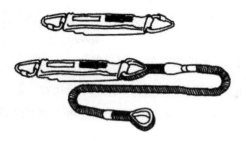

图 4-13　缓冲器

冲器，见表 4-8。

表 4-8　　　　　　　　　　　缓冲器分类

类型	自由坠落距离/m	制动力/kN
Ⅰ型缓冲器	≤1.8	≤4
Ⅱ型缓冲器	≤4	≤6

174. 什么是自锁器?

自锁器是附着在刚性或柔性导轨上，可随使用者的移动沿导轨滑动，由坠落动作引发制动作用的部件，又称为导向式防坠器、抓绳器等。

在使用者攀爬时，自锁器可依据使用者的速度随其上下移动，一旦发生坠落可瞬时锁止，防止人员发生坠落伤害。

自锁器不一定有缓冲能力，但可重复使用。自锁器一般小巧便携，安装使用也很便利，拆卸时需要两个以上的动作才可打开，以确保安全。

175. 什么是安全绳?

安全绳是在安全带中连接系带与挂点的绳（带、钢丝绳等）。一般与缓冲器配合使用，起扩大或限制佩戴者活动范围、吸收冲击能量的作用。

176. 什么是连接器？分为哪几类？

连接器是可以将两种或两种以上元件连接在一起，具有常闭活门的环状零件。连接器一般用于组装系统或用于将系统同挂点相连，如图 4-14 所示。

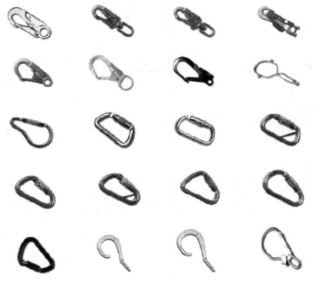

图 4-14　连接器

连接器按照功能可以分为以下几类。

（1）自动关闭连接器：有自动关闭活门的连接器。

（2）基本连接器：用作系统组件的自动关闭连接器，也称为 B 型连接器。

（3）多用连接器：可置于一定直径轴上、用于系统组件的基本连接器或螺纹连接器，也称为 M 型连接器。

（4）绳端连接器：系统中只能按预定方向使用的连接器，也称为 T 型连接器（具有一个连接环眼，用于固定安全绳）。

（5）挂点连接器：能自动关闭，与特定类型挂点直接连在一起的连接器，也称为 A 型连接器（挂点的类型为螺栓、管道、横梁等）。

（6）螺纹连接器：用于长期或永久地连接，螺纹关闭时活门部分可以承担受力，也称为 Q 型连接器。

（7）旋转连接器：连接器本体同连接环眼可以相对旋转的 T 型连接器，也称为 S 型连接器。S 型连接器用于类似速差器等安全绳较长的场合。

（8）缆用连接器：用于同索（缆）连接的 B 型连接器，也称为 K 型连接器。K 型连接器一般可以在索（缆）上一定距离内滑动。

177. 什么是挂点装置？

挂点装置是由一个或多个挂点和部件组成的，用于连接坠落防护装备与附着物（墙、脚手架、地面等固定设施）的装置。有限空间作业常用建筑预埋挂点，或使用三脚架作为临时挂点装置，与绞盘、速差器、安全绳、安全带等配合使用，如图 4-15 所示，防止高处坠落事故的发生。

图 4-15　三脚架

178. 使用安全带需要注意什么？

（1）使用安全带前应检查各部位是否完好无损，安全绳和系带有无撕裂、开线、霉变，金属配件有无裂纹和腐蚀现象，弹簧弹跳性是否良好，以及是否存在其他影响安全带性能的缺陷。如发现存在影响安全带强度和使用功能的缺陷，应立即更换。

（2）安全带应拴挂于牢固的构件或物体上，应防止挂点摆动或碰撞。

（3）使用坠落悬挂安全带时，挂点应位于工作平面上方。

（4）使用安全带时，安全绳与系带不能打结使用。

（5）在高处作业时，如安全带无固定挂点，应将安全带挂在刚性轨道或具有足够强度的柔性轨道上，禁止将安全带挂在移动的、带尖锐棱角的或不牢固的物件上。

（6）安全带使用中，安全绳的护套应保持完好，若发现护套损坏或脱落，必须加上新的护套后再使用。

（7）安全绳（含未打开的缓冲器）长度不应超过 2 m，不应擅自将安全绳接长使用，如果需要使用 2 m 以上的安全绳应采用自锁器或速差器。

（8）使用中，不应随意拆除安全带各部件，不得私自更换零部件。

（9）使用连接器时，受力点不应在连接器的活门位置。

（10）安全带应在制造商规定的期限内使用，一般不应超过 5 年，如发生坠落事故，或有影响性能的损伤，应立即更换。

（11）超过使用期限的安全带，如有必要，则应每半年抽样检验一次，合格后方可继续使用。

（12）如安全带的使用环境特别恶劣，或使用频率格外频繁，则应相应缩短其使用期限。

179. 使用安全带时，挂点的选择应考虑哪些因素？

（1）挂点的强度。对于支持单个作业人员的坠落制动挂点，至少应能够承受 22 kN 的坠落制动力，用于连接速差器的挂点，强度应不小于 13 kN；或者至少应该能够承受坠落制动产生的力的 2 倍。一般情况下，搭建合适的脚手架、建筑物预埋的金属挂点、金属材质的电力及通信塔架均可作为挂点，但水管、窗框等达不到这样的强度要求，不适宜用来作为坠落防护装置的挂点。如果不能确定挂点的强度应请工程人员进行核实和测试。

（2）挂点的位置。挂点应尽量选择在作业点的正上方，如果受到场地限制，不能设置在正上方的，要确保作业人员发生坠落时最大摆动幅度不应大于 45°，而且在摆动的情况下不会碰到侧面的障碍物，以免造成伤害。挂点的高度应能避免作业人员坠落后不触及其他障碍物，以免造成二次伤害。如使用的是水平柔性导轨，则在确定安全空间的大小时应充分考虑发生坠落时导轨变形的影响。

180. 全身式安全带如何检查和穿戴?

（1）检查。

1）检查安全带标记，安全带应该有 QS 标识和 LA 标识。

2）检查安全带使用期限，应在使用有效期内。

3）检查安全带尺寸，应与使用人员体型匹配。

4）检查安全带主体及其配件不应有撕裂、开线、霉变，金属配件不应有裂纹、腐蚀等存在影响安全带技术性能的缺陷。

（2）穿戴。

1）提起安全带的背部 D 形环，抖动安全带，使所有的编织带回到原位。

2）如果胸带、腿带和/或腰带被扣住，则需要松开编织带并解开带扣。

3）把肩带套到肩膀上，让背部 D 形环处于后背两肩中间位置。

4）从两腿之间拉出腿带，扣好带扣。按同样方法扣好第二根腿带。如果有腰带，先扣好腿带再扣好腰带。

5）扣好胸带并将其固定在胸部中间位置，拉紧肩带，将多余的肩带穿过带夹防止松脱。

6）收紧所有带子，让安全带尽量贴紧身体，但又不会影响活动。将多余的带子穿到带夹中防止松脱。

181. 安全带日常维护需要注意什么?

安全带应加强日常维护，以保持其防坠性能。日常维护应注意：

（1）安全带使用 2 年后，应每年从同一批次中随机抽取 2 条，按照《坠落防护 安全带》（GB 6095—2021）的规定进行动态力学性能测试和静态力学性能测试，若检测不合格，应停用该批次安全带。

（2）如果安全带沾有污渍，应使用清水冲洗和中性洗涤剂清洗，挂在阴凉通风处晾干。

（3）安全带不使用时，应由专人保管。存放时，不应接触高温、明火、强酸、强碱或尖锐物体，不应存放在潮湿的地方。

（4）应对安全带定期进行外观检查，发现异常必须立即更换，检查频次应根据安全带的使用频率确定。

182. 三脚架如何安装?

（1）取出三脚架，解开捆扎带，并直立放置。

（2）移动三脚架至井口上（底脚平面着地），将三支柱分开适当的角度，底脚防滑平面着地。用定位链穿过三个底脚的穿孔，长度适当后，拉紧并相互勾挂在一起，防止三支柱向外滑移。必要时，可用钢钎穿过底脚插孔，砸入地下定位底脚。

（3）拔下内外柱固定插销，分别将内柱从外柱内拉出。根据需要选择拔出长度后，将内外柱插销孔对正，插入插销，并用卡簧插入插销卡簧孔止退。

（4）将防坠制动器从支柱内侧卡在三脚架任一个内柱上（面对制动器的支柱，制动器摇把在支柱右侧），并使定位孔与内柱上的定位孔对正，将安装架上配备的插销插入孔内固定。

（5）逆时针摇动绞盘手柄，同时拉出绞盘绞绳，并将绞绳上的定滑轮挂于架头上的吊耳上（正对着固定绞盘支柱的一个）。

此外，在使用前，要对设备各组成部分（速差器、绞盘、安全绳）的外观进行目测检查，检查连接挂钩和锁紧螺钉的状况、速差器的制动功能。检查必须由设备使用人员进行，一旦发现有缺陷，停止使用。

183. 三脚架使用时应注意什么？

三脚架安装完毕后，应随时检查三脚架的稳固性。使用过程中应注意：

（1）绞绳有负载的情况下停止升降时，制动器操作者必须握住摇把手柄，不得松手。

（2）不应无负载放长绞绳，确需放长绞绳的，应有一人逆时针摇动手柄，一人抽拉绞绳，保持绞绳紧绷；不放长绞绳时，不应随意逆时针转动手柄。

（3）使用中绞绳应保持紧绷。放出的绞绳较长时，应适当加载回绞，并尽量使绞绳在卷筒上有序排列，禁止将绞绳折成死结，否则将损毁绞绳，再次使用时可能引发坠落事故。

184. 三脚架的日常维护和保养应注意什么?

（1）三脚架及其相关部件在作业中沾染污物的，应用温水和中性洗涤剂清洗，不推荐使用含酸或碱性的溶剂清洗，清洗后风干，并远离火源和热源。

（2）三脚架应存放在干燥、通风、温度适中的场所，并远离阳光。

（3）必须经常检查设备，保证各零件齐全有效，无松脱、老化、异响，绞绳无断股、死结情况。若发现异常，必须及时检修排除。

185. 什么是安全帽?

安全帽是防冲击主要使用的防护用品，用来避免或减轻在作业场所发生的高空坠落物、飞溅物体等意外撞击对作业人员头部造成伤害。

186. 安全帽由哪几部分组成?

安全帽由帽体、帽衬、系带和附件等部分组成，如图 4-16 所示。

187. 安全帽按性能分为哪几类? 类别信息如何获得?

安全帽按性能分为普通型（P）和特殊型（T）两类。普通型安全帽具有基本防护性能，特殊型安全帽除

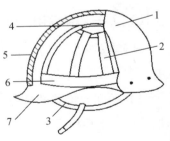

图 4-16　安全帽结构

1—帽体　2—帽衬分散条

3—系带　4—帽衬顶带

5—吸收冲击内衬

6—帽衬环形带　7—帽檐

具有基本防护性能外，还具备一项或多项特殊性能，如阻燃（Z）、侧向刚性（LD）、耐低温（-30 ℃）、耐极高温（+150 ℃）、电绝缘（JG 表示测试电压为 2 200 V，JE 表示测试电压为 20 000 V）、防静电（A）、耐熔融金属飞溅（MM）。

安全帽的类别信息可在安全帽主体内侧的永久性标识上获得。例如，一项普通型安全帽标记为：安全帽（P）；具有侧向刚性、耐极高温性能、电绝缘性能，测试电压为 20 000 V 的安全帽标记为：安全帽（TLD+150 ℃ JE）。

188. 如何选用安全帽？

生物实验证明，人体颈椎骨和头盖骨在承受小于 4 900 N 的冲击力时，不会危及生命，超过此限值，颈椎就会受到伤害，轻者引起瘫痪，重者危及生命。安全帽要起到安全防护的作用，必须能吸收冲击过程产生的大部分能量，才能使最终作用在人体上的冲击力小于 4 900 N。安全帽的帽壳与帽衬之间有 25~50 mm 的间隙，当物体打击安全帽时，帽壳不应受力变形而直接影响头顶部，且通过帽衬缓冲减少的力可达 2/3 以上，起到缓冲减震的作用。因此，安全帽的选用至关重要。

（1）应使用质检部门检验合格的产品。

（2）根据作业环境选择适宜功能的安全帽。如在易燃易爆环境中作业应选择有抗静电性能的安全帽；作业环境中可能存在短暂接触火焰，短时局部接触高温物体时，应选用具有阻燃性能的安全帽；作业环境中可能接触 400 V 以下三相交流电时应选用具有电绝缘性能的安全帽。

（3）有限空间内光线不足时应选用颜色明亮的安全帽，能见度低时应选用与环境色差较大的安全帽，或在安全帽上增加反光条，以便于发现。

189. 安全帽使用和维护的注意事项有哪些？

（1）安全帽应在产品声明的有效期内使用。

（2）佩戴前，应检查安全帽各配件有无破损、装配是否牢固、帽衬调节部分是否卡紧、插口是否牢靠、绳带是否系紧等。若帽衬与帽壳之间的距离不在 25~50 mm，应用顶绳调节到规定的范围，确保各部件完好后方可使用。

（3）根据佩戴者头部的大小，将帽箍长度调节到适宜位置（松紧适度）。高处作业人员佩戴的安全帽，要有系带和后颈箍并应拴牢，以防帽子滑脱。

（4）安全帽在使用时受到较大冲击后，无论是否发现帽壳有明显的断裂纹或变形，都应停止使用并更换。一般安全帽的使用期限不超过 3 年。

（5）安全帽不应存放在有酸碱、高温（50 ℃以上）、阳光直射、潮湿等环境，并应避免重物挤压或尖物碰刺。

（6）帽壳与帽衬可用冷水、温水（低于 50 ℃）洗涤。不可放在暖气片上烘烤，以防帽壳变形。

（7）不应在安全帽上随意拆卸、添加附件，或打孔，涂敷油漆、涂料、汽油、溶剂等。

190. 什么是防护服？分为哪几类？

防护服是替代或穿在个人衣服外，用于防止一种或多种危害的防护服装，是安全作业的重要防护用品，用于隔离人体与外部环境。防护服按用途分为以下两种。

（1）一般作业工作服，用棉布或化纤织物制作，适用于没有特殊要求的一般作业场所使用。

（2）特殊作业工作服，包括隔热服、防辐射服、防寒服、防酸（碱）服、抗油拒水服、化学品防护服、屏蔽服、防静电服、阻燃防护服、焊接防护服、防砸服、防尘服、防水服、医用防护服、高可视性警示服、消防服等。

191. 防护服的选用注意事项有哪些?

（1）必须选用符合国家标准，并具有产品合格证的防护服。

（2）根据有限空间内的危险有害因素进行选择。如在有硫化氢、氨气等强刺激性气体的作业环境中作业，应穿着化学品防护服；在易燃易爆场所作业，不准穿化纤防护服，应穿着防静电服等。表4-9列举了有限空间作业常见的作业环境及选择防护服的种类。

表4-9　有限空间作业常见的作业环境及选择防护服的种类

作业类别		应使用的防护服类型	建议使用的防护服类型
编号	环境类型		
1	存在易燃易爆气体/蒸气或可燃性粉尘	化学品防护服 阻燃防护服 防静电服 棉布工作服	防尘服 阻燃防护服
2	存在有毒气体/蒸气	化学品防护服	—
3	存在一般污物	一般作业工作服 化学品防护服	抗油拒水服
4	存在腐蚀性物质	防酸（碱）服	—
5	涉水	防水服	—

192. 化学品防护服的使用、保养有哪些注意事项？

（1）使用前应检查化学品防护服的完整性及与其他装备的匹配性，在确认完好后方可使用。

（2）进入化学污染环境前，应先穿好化学品防护服；在污染环境中的作业人员，不得脱卸化学品防护服及装备。

（3）化学品防护服被化学物质持续污染时，应在规定的防护性能（标准透过时间）内更换。有限次数使用的化学品防护服已被污染时应弃用。

（4）脱卸化学品防护服及装备时，应使化学品防护服内面翻外，以减少污染物的扩散，且宜最后卸除呼吸防护装备。

（5）由于许多抗油拒水服及化学品防护服的面料采用的是后整理技术，即在表面加入了整理剂，一般须经高温才能发挥作用，因此在穿用这类服装时要根据制造商提供的说明书经高温处理后再穿用。

（6）穿用化学品防护服时应避免接触锐器，防止受到机械损伤。

（7）严格按照产品使用与维护说明书的要求进行维护，修理后的化学品防护服应满足相关标准的技术性能要求。

（8）受污染的化学品防护服应及时洗消，以免影响化学品防护服的防护性能。

（9）化学品防护服应存放在避光、通风、温度适宜的环境中，应与化学物质隔离储存。

（10）已使用过的化学品防护服应与未使用的化学品防护服分开储存。

193. 防静电服的使用、保养有哪些注意事项？

（1）凡是在正常情况下，爆炸性气体混合物连续地、在短时间内频繁地出现或长时间存在的场所，及爆炸性气体混合物有可能出现的场所，可燃物的最小点燃能量在 0.25 mJ 以下时，应穿防静电服。

（2）由于摩擦会产生静电，因此在火灾爆炸危险场所禁止穿、脱防静电服。

（3）为了防止尖端放电，在火灾爆炸危险场所禁止在防静电服上附加或佩戴任何金属物件。

（4）对于导电型的防护服，为了保持良好的电气连接，外层服装应完全遮盖住内层服装。分体式上衣应足以盖住裤腰，弯腰时不应露出裤腰，同时应保证服装与接地体的良好连接。

（5）在火灾爆炸危险场所穿用防静电服时必须与防静电鞋配套穿用。

（6）防静电服应保持清洁，保持防静电性能，使用后用软毛刷、软布蘸中性洗涤剂刷洗，不可损伤服装材料纤维。

（7）穿用一段时间后，应对防静电服进行检验，若防静电性能不能符合标准要求，则不能再作为防静电服继续使用。

194. 防水服的使用、保养有哪些注意事项？

（1）防水服的用料主要是橡胶，使用时应严禁接触各种油类（包括机油、汽油等）、有机溶剂、酸、碱等物质。

（2）洗后不可暴晒、火烤，应于阴凉通风处晾干。

（3）防水服要存放在干燥、通风环境中，要远离热源，存放时应尽量避免折叠、挤压，如需折叠，应撒滑石粉，避免粘连。

（4）使用中应避免与尖锐物体接触，以免影响防水效果。

195. 为什么要佩戴防护手套？防护手套的种类有哪些？

为防止作业人员的手部受到伤害，在作业过程中应佩戴合格有效的手部防护用品——防护手套。

防护手套的种类有绝缘手套、耐酸碱手套、焊工手套、橡胶耐油手套、防水手套、防毒手套、防机械伤害手套、防静电手套、防振手套、防寒手套、耐火阻燃手套、电热手套、防切割手套等。有限空间作业常使用的是耐酸碱手套、绝缘手套及防静电手套。

196. 防护手套的使用、保养有哪些注意事项？

（1）应根据作业环境中存在的危险有害因素，以及作业过程中可能对手部造成的伤害，选择具备相应功能、尺寸适当、佩戴舒适的防护手套，并定期更换。

（2）使用前要进行检查，看其是否在使用有效期内、有无破损、是否被磨蚀。对防毒手套可以使用充气法进行检查，即向手套内充气，用手捏紧手套口，用力挤压手套，观察是否漏气，若漏气则不能使用；对绝缘手套应检查电绝缘性，不符合规定的不能使用。

（3）佩戴防护手套时应将衣袖口套入手套内，防止发生意外。摘取防护手套要注意方法，防止手套上沾染的有害物质接触皮肤和衣服，造成二次污染。

（4）橡胶、塑料等防护手套用后应冲洗干净、晾干，保存时要避免高温，并在手套上撒上滑石粉以防粘连。

（5）绝缘手套要用低浓度的中性洗涤剂清洗。

（6）防护手套应存放在清洁、干燥通风、无油污、无热源或阳光直射、无腐蚀性气体的地方。

197. 为什么要穿着防护鞋（靴）？防护鞋（靴）的种类有哪些？

为防止作业人员的足部受到物体的砸伤、刺割、灼烫、冻伤、化学性酸碱灼伤及触电等伤害，作业人员应穿着防护鞋（靴）。

防护鞋（靴）主要有防刺穿鞋、防砸鞋、电绝缘鞋、防静电鞋、导电鞋、耐化学品的工业用橡胶靴、耐化学品的工业用塑料模压靴、耐油防护鞋、耐寒防护鞋、耐热防护鞋等。

有限空间作业中应根据作业过程中存在的足部伤害风险选择防护鞋（靴），如在有酸、碱等腐蚀性物质的环境中作业需穿着耐酸碱的橡胶靴，在有易燃易爆气体的环境中作业需穿着防静电鞋等。

198. 防护鞋（靴）的使用、保养有哪些注意事项？

（1）使用前要检查防护鞋（靴）外观。防护鞋（靴）帮面应无明显裂痕，无严重磨损、包头外露，无变形、烧焦、发泡；鞋（靴）底裂痕长度不应超过 10 mm，深度不应超过 3 mm，防滑花纹不应低于 1.5 mm；帮底结合处裂痕长度不应超过 15 mm，深度不应超过 5 mm；鞋（靴）内底、内衬无明显变形和破损。

（2）对非化学防护鞋，在使用中应避免接触到腐蚀性化学物质，一旦接触后应及时清除。

（3）导电鞋（靴）和防静电鞋（靴）一般穿用不超过 200 h 应进行一次鞋（靴）电阻测试；电绝缘鞋（靴）每穿用 6 个月应进行一次电绝缘性能预防性检验。检验不合格的不得使用。

（4）防护鞋（靴）应定期进行更换，超过产品使用有效期的不得使用。

（5）防护鞋（靴）使用后应清洁干净，并放置于通风干燥处，避免阳光直射、雨淋及受潮，不得与酸、碱、油及腐蚀性物质存放在一起。

199. 什么是防护眼镜？分为哪几类？

防护眼镜是防止化学飞溅物、有毒气体和烟雾、金属飞屑、电磁辐射、激光等对眼睛造成伤害的防护用品。

防护眼镜有安全护目镜和遮光护目镜两类。安全护目镜主要防止有害物质对眼睛造成伤害，如防冲击眼镜、防化学眼镜等；遮光护目镜主要防止有害辐射线对眼睛造成伤害，如焊接护目镜等。

在有限空间内进行冲刷和修补、切割等作业时，沙粒或金属碎屑等异物进入眼内或冲击面部，可能造成眼部或面部的伤害；焊接作业时的焊接弧光，可能引起眼部的伤害；清洗反应釜等作业时，其中的酸碱液体、腐蚀性烟雾进入眼中或冲击到面部皮肤，可能引起角膜或面部皮肤的烧伤。因此，为防止有毒刺激性气体、化学性液体对眼睛的伤害，需佩戴封闭性护目镜或安全防护面罩。

200. 有限空间常使用的安全器具包括哪些？应如何选用？

（1）通风设备。有限空间的作业情况比较复杂，一般要求在危险有害气体浓度检测合格的情况下才能进行作业。但由于危险有害物质可能吸附在清理物中，在搅拌、翻动中被解析释放出来，如污水井中翻动污泥时有大量硫化氢释放；实施作业过程中也有可能产生有毒有害物质，或者消耗氧气，改变作业环境的气体危害程度，如涂刷油漆、电焊等自身就会散发出危险有害物质。因此，在有限空间作业过程中，为保证作业人员的安全，必要时应配备通风机对作业场所进行通风换气。

选择风机时应考虑实际作业环境，对可能存在易燃易爆物质的作业场所，应选用防爆型风机，如图 4-17 所示，以保证安全。此外，选择风机时必须确保能够提供作业场所所需的气流量，必须能够克服整个系统的阻力，包括通过抽风罩、支管、弯管及连接处的压损。通常过长的风管、风管内部表面粗糙、弯管等都会增大气体流动的阻力，因此对风机风量的要求就会更高。

（2）小型移动发电设备。在有限空间作业过程中，经常需要进行临时性的通风、排水、供电、照明等。当作业现场没有固定电源时，需要使用小型移动发电设备保障供电，如图4-18所示。

图4-17　防爆型风机

图4-18　小型移动发电设备

（3）照明设备。地下有限空间的作业环境常常是在容器、管道、井坑等光线黑暗的场所，通常需携带照明灯具才能进入作业。这些场所潮湿且可能存在易燃易爆物质，所以保证选用照明灯具的安全性十分重要。

（4）通信设备。在有限空间作业，监护人员与作业人员因距离或转角而无法直接面对，监护人员无法了解和掌握作业人员情况，因此必须配备必要的通信器材，以保持定时联系。作业场所可能存在易燃易爆气体，所配置的通信器材也应该选用防爆型的，如防爆电话、防爆对讲机等，如图4-19所示。

图4-19　防爆型
对讲机

（5）安全梯。安全梯是用于作业人员上下地下井、坑、管道、容器等的通行器具，也是事故状态下逃生的通行器具。安全梯从制作材质上分为竹制的、木制的、金属制的和绳木混合制的；从形式上分为移动直梯、移动折梯、移动软梯，如图 4-20 所示。根据作业场所的具体情况，应配备相适应的安全梯。

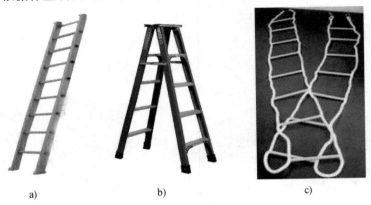

a)　　　　　　　　　　　b)　　　　　　　　　　c)

图 4-20　安全梯

a）移动直梯　b）移动折梯　c）移动软梯

201. 使用风机时应注意什么?

（1）风机在使用前需要检查外观及运行状况，确保风管无破损，风机叶片完好，电线无裸露，插头无松动，风机能够正常运转。

（2）使用过程中，风机应该放置在洁净的气体环境中，尽量远离有限空间的出入口，以防止捕集到有害气体，通过风管进入有限空间，加重有限空间内的污染。

（3）目前没有一个统一的关于换气次数的标准，可以参考一般工业上普遍接受的 3 min 换气一次（20 次/h）的换气率，作为能够提供有效通风的标准。

202. 使用小型移动发电设备时应注意什么?

（1）使用前的检查。

1）油箱中的油料应能满足作业需求。

2）油路开关和输油管路不应有漏油渗油现象。

3）各部分接线应无金属裸露，插头无松动，接地线良好。

（2）使用中的注意事项。

1）使用前，必须将底架停放在平稳的基础上，运转时不准移动，且不得使用帆布等物遮盖。

2）发电机外壳应有可靠接地，并应加装漏电保护器，防止操作人员发生触电。

3）启动前需断开输出开关，将发电机空载启动，运转平稳后再接电源带负载。

4）运行中应密切注意发电机的工作情况，观察各种仪表指示是否在正常范围内，检查运转部分是否正常，发电机温度是否过高。

5）应在通风良好的场所使用，禁止在有限空间内使用。

203. 地下有限空间作业使用的照明设备应符合什么要求?

（1）一般应用 24 V 以下的安全电压；在积水、结露、潮湿环境内作业应用 12 V 以下的安全电压。

（2）存在易燃易爆物质的，应使用符合相应防爆要求的防爆手电筒、防爆照明灯等照明器具，如图 4-21 所示。

图 4-21　便携式防爆工作灯

（3）潮湿或特别潮湿（相对湿度>75%）的场所，属于触电危险场所，必须选用密闭型防水照明工具或配有防水头灯的开启式照明工具。

（4）含有大量尘埃的场所，必须选用防尘型照明工具，以防尘埃影响照明工具安全发光。

（5）存在较强振动的场所，必须选用防振型照明工具。

（6）有酸碱等强腐蚀介质场所，必须选用耐酸碱型照明工具。

204. 使用安全梯有哪些注意事项？

（1）使用前必须对梯子进行安全检查。检查竹、木、绳、金属类梯子的材质是否有发霉、虫蛀、腐烂、腐蚀等情况；检查梯子是否有损坏、缺挡、磨损等情况，对不符合安全要求的梯子应停止使用；有缺陷的应修复后使用。对于折梯，还应检查连接件、铰链和撑杆（固定梯子工作角度的装置）是否完好，如不完好应修复后使用。

（2）使用时，应对梯子加以固定，避免接触油、蜡等易打滑的材料，防止人员滑倒，也可设专人扶挡。

（3）在梯子上作业时，应设专人安全监护。梯子上有人作业时不准移动梯子。

（4）除非专门设计为多人使用，否则梯子上只允许1人在上面作业。

（5）折梯上部第二踏板为最高安全站立高度，应涂红色标志。梯子上部第一踏板不得站立。